高职高专"十四五"规划教材

冶金工业出版社

智能制造技术综合应用

主　编　李红莉　　毛江峰

副主编　陈雪丽　　应　跃

扫码输入刮刮卡密码
查看本书数字资源

U0319029

北　京

冶金工业出版社

2024

内 容 提 要

本书以国家级生产性实训基地建设的虚实二元智能制造实训教学平台为载体，以项目形式介绍了智能制造相关技术在实际生产中的应用，主要内容包括智能机器人技术、智慧物流技术、数字孪生仿真技术、智能制造控制系统应用及企业生产综合应用案例等。

本书可作为高职院校智能控制技术、工业机器人技术、机电一体化技术、电气自动化技术等专业的教材或实践选修课教材，也可作为有关企业培训用书及智能制造工程技术人员参考书。

图书在版编目（CIP）数据

智能制造技术综合应用/李红莉，毛江峰主编.—北京：冶金工业出版社，2024.7.—（高职高专"十四五"规划教材）.—ISBN 978-7-5024-9901-3

Ⅰ.TH166

中国国家版本馆 CIP 数据核字第 2024EE4848 号

智能制造技术综合应用

出版发行	冶金工业出版社	电　　话	(010)64027926
地　　址	北京市东城区嵩祝院北巷 39 号	邮　　编	100009
网　　址	www.mip1953.com	电子信箱	service@mip1953.com

责任编辑　杜婷婷　美术编辑　吕欣童　版式设计　郑小利
责任校对　梁江凤　责任印制　窦　唯
北京印刷集团有限责任公司印刷
2024 年 7 月第 1 版，2024 年 7 月第 1 次印刷
787mm×1092mm　1/16；12.5 印张；301 千字；191 页
定价 49.00 元

投稿电话　（010）64027932　投稿信箱　tougao@cnmip.com.cn
营销中心电话　（010）64044283
冶金工业出版社天猫旗舰店　yjgycbs.tmall.com
（本书如有印装质量问题，本社营销中心负责退换）

前　言

在新一轮科技革命和产业变革中，智能制造已成为世界各国抢占发展机遇的制高点和主攻方向，支撑智能制造相关领域技术发展的人才短缺现象也成为各国面临的主要问题。2020年2月25日，我国人力资源和社会保障部、国家市场监督管理总局、国家统计局联合发布了"智能制造工程技术人员"新职业，这是从国家层面对智能制造工程技术人员职业的肯定，为行业人才的选用与培养明确了方向。

教育部启动实施中国特色高水平高职学校和专业建设计划，遴选确定的高水平专业群中，智能控制技术、机械制造与自动化、汽车智能技术等与智能制造相关的专业群接近100个，以此加快技术技能人才培养。智能控制技术专业主要面向装备制造、汽车制造、电子行业、集成电路、食品行业、医疗产业等制造业，学生需要从事制造业生产线及工作站系统的现场编程、调试维护、人机界面编程、系统集成等技术工作。

本书以国家级生产性实训基地的智能制造实训平台为背景，以校企合作的生产性实训案例为项目化教材载体，构建立体化新形态教材，书中配置相关技术实践环节，配套相关数字资源及契合度极高的思政资源，对接智能制造"1+X"职业等级证书和专业人才培养目标，服务高职高专院校智能制造专业的教学，为国家培养智能制造工程类高技能人才助力，为中国制造向中国智能制造转型助力。

本书由浙江工业职业技术学院、北京华航唯实机器人科技股份有限公司、苏州新火花公司校企联合开发，浙江工业职业技术学院李红莉、毛江峰担任主编，浙江工业职业技术学院陈雪丽、应跃担任副主编，浙江工业职业技术学院盛国栋、刘鑫等人参编。

本书在编写过程中，参考了有关文献资料，在此向文献资料的作者表示感谢。

由于编者水平所限，书中不妥之处，敬请广大读者批评指正。

编　者

2024 年 1 月

目 录

课件下载

项目 1 了解智能制造

任务 1.1 智能制造系统认知

任务介绍

本任务重点进行智能制造系统的认知学习，从智能制造的概念、特点、相关关键技术与应用、发展趋势等多个方面深入了解智能制造系统。

知识目标

掌握智能制造系统的特点及相关关键技术。

技能目标

理解智能制造的概念及相关技术发展趋势。

素养目标

通过对智能制造系统及相关产业的了解，提升学生对智能制造相关职业的认同感和责任心；同时，增强学生的科技自信，建立技能报国的家国情怀。

任务描述

本任务通过文字、图片、资讯、视频等形式展示智能制造系统概念、特点、组成及相关技术，可通过网络资源拓展认知。

任务分析

本任务为概念认知及行业探究课程，旨在帮助学生认知行业，了解职业需求，建立课程知识基础。

相关知识

1.1.1 智能制造相关概念

智能制造是伴随信息技术的不断普及而逐步发展起来的，其概念起源于 20 世纪 80 年代。1988 年，美国纽约大学的怀特教授（P. K. Wright）和卡内基梅隆大学的布恩教授（D. A. Bourne）出版了《智能制造》一书，首次提出了智能制造的概念，并指出智能制造的目的是通过集成知识工程、制造软件系统、机器人视觉和机器控制对制造技工的技能和专家知识进行建模，以使智能机器人在没有人工干预的情况下进行小批量生产。日本在 1989 年提出一种人与计算机相结合的智能制造系统（Intelligent Manufacturing System,

IMS），率先拉开了智能制造的序幕。

广义而论，智能制造是一个大概念，是先进制造技术与新一代信息技术的深度融合，贯穿于产品、制造、服务全生命周期各个环节以及制造系统集成，实现制造业数字化、网络化、智能化，不断提升企业产品质量、效益、服务水平，推动制造业创新、协调、绿色、开放、共享发展。

当今，智能制造一般指综合集成信息技术、先进制造技术和智能自动化技术，在制造企业的各个环节（如经营决策、采购、产品设计、生产计划、制造、装配、质量保证、市场销售和售后服务等）融合应用，实现企业研发、制造、服务、管理全过程的精确感知、自动控制、自主分析和综合决策，具有高度感知化、物联化和智能化特征的一种新型制造模式。

智能制造以新一代信息技术为基础，配合新能源、新材料、新工艺，贯穿设计、生产、管理、服务等制造活动各个环节，是具有信息深度自感知、智慧优化自决策、精准控制自执行等功能的先进制造过程、系统与模式的总称。智能制造技术是制造技术与数字技术、智能技术及新一代信息技术的融合，是面向产品全生命周期的具有信息感知、优化决策、执行控制功能的制造系统，旨在高效、优质、柔性、清洁、安全、敏捷地制造产品和服务用户。虚拟网络和实体生产的相互渗透是智能制造的本质：一方面，信息网络将彻底改变制造业的生产组织方式，大大提高制造效率；另一方面，生产制造将作为互联网的延伸和重要节点，扩大网络经济的范围和效应。以网络互联为支撑，以智能工厂为载体，构成了制造业的最新形态，即智能制造。这种模式可以有效缩短产品研制周期、降低运营成本、提高生产效率、提升产品质量、降低资源能源消耗。

智能制造是未来制造业产业革命的核心，是制造业数字化制造转变的方向，是人类专家和智能化机器共同组成的人机一体化智能系统，特征是将智能活动融合到生产制造全过程，通过人与机器协同工作，逐渐增大、拓展和部分替代人类在制造过程中的脑力劳动，其已由最初的制造自动化扩展到生产的柔性化、智能化和高度集成化。智能制造不但采用新型制造技术和设备，而且将由新一代信息技术构成的物联网和服务互联网贯穿整个生产过程中，在制造业领域构建的信息物理系统，将彻底改变传统制造业的生产组织方式，它不是简单地用信息技术改造传统产业，而是信息技术与制造业融合发展和集成创新的新型业态。智能制造要求实现设备之间、人与设备之间、企业之间、企业与客户之间的无缝网络链接，实时动态调整，进行资源的智能优化配置。它以智能技术和系统为支撑点，以智能工厂为载体，以智能产品和服务为落脚点，大幅度提高生产效率、生产能力。

智能制造包括智能制造技术、智能制造系统两大关键组成要素和智能设计、智能生产、智能产品、智能管理与服务四大环节。其中，智能制造技术是指在制造业的各个流程环节，实现了大数据、人工智能、3D 打印、物联网、仿真等新型技术与制造技术的深度融合。它具有学习、组织、自我思考等功能，能够对生产过程中产生的问题进行自我分析、自我推理、自我处理；同时，对智能化制造运行中产生的信息进行存储，对自身知识库不断积累、完善、共享和发展。智能制造系统就是要通过集成知识工程、智能软件系统、机器人技术和智能控制等来对制造技术与专家知识进行模拟，最终实现物理世界和虚拟世界的衔接与融合，使得智能机器在没有人干预的情况下进行生产。智能制造系统相较于传统系统更具智能化的自治能力、容错功能、感知能力、系统集成能力。

1.1.2　智能制造技术的特点

（1）生产过程高度智能。智能制造在生产过程中能够自我感知周围环境，实时采集、监控生产信息。智能制造系统中的各个组成部分能够依据具体的工作需要，自我组成一种超柔性的最优结构并以最优的方式进行自组织，以最初具有的专家知识为基础，在实践中不断完善知识库，遇到系统故障时，系统具有自我诊断与修复能力。智能制造能够对库存水平、需求变化、运行状态进行反应，实现生产的智能分析、推理和决策。

（2）资源的智能优化配置。信息网络具有开放性、信息共享性，由信息技术与制造技术融合产生的智能化、网络化的生产制造可跨地区、跨地域进行资源配置，突破了原有的本地化生产边界。制造业产业链上的研发企业、制造企业、物流企业通过网络衔接，实现信息共享，能够在全球范围内进行动态的资源整合，生产原料和部件可随时送往需要的地方。

（3）产品高度智能化、个性化。智能制造产品通过内置传感器、控制器、存储器等技术具有自我监测、记录、反馈和远程控制功能。智能产品在运行中能够对自身状态和外部环境进行自我监测，并对产生的数据进行记录，对运行期间产生的问题自动向用户反馈，使用户可以对产品的全生命周期进行控制管理。产品智能设计系统通过采集消费者的需求进行设计，用户在线参与生产制造全过程成为现实，极大地满足了消费者的个性化需求。制造生产从先生产后销售转变为先定制后销售，避免了产能过剩。

1.1.3　智能制造关键技术

（1）智能制造装备及其检测技术。智能制造装备是智能制造的技术基础，一般为高档数控机床、智能控制系统、机器人、3D 打印系统、工业自动化系统、智能仪表设备和关键智能设备七个主要类别。制造工艺与生产模式的不断变革，必然对智能装备中测试仪器、仪表等检测设备的数字化、智能化提出新的需求，促进检测方式的根本变化。检测数据将是实现产品、设备、人和服务之间互联互通的核心基础之一。例如，机器视觉检测控制技术具有智能化程度高和环境适应性强等特点，在多种智能制造装备中得到了广泛的应用。

（2）工业大数据。工业大数据是智能制造的关键技术，主要作用是打通物理世界和信息世界，推动生产型制造向服务型制造转型。依托大数据系统，采集现有工厂设计、工艺、制造、管理、监测、物流等环节的信息，实现生产的快速、高效与精准分析决策。应用大数据分析系统，可以对生产过程数据进行分析处理。云计算系统提供计算资源专家库，通过现场数据采集系统和监控系统，将数据上传云端进行处理、存储和计算，计算后发出云指令，对现场设备进行控制。

（3）柔性制造、虚拟仿真技术。柔性制造技术（Flexible Manufacturing Technology，FMT）是建立在数控设备应用基础上并正在随着制造企业技术进步而不断发展的新兴技术。虚拟仿真技术包括面向产品制造工艺和装备的仿真过程、面向产品本身的仿真和面向生产管理层面的仿真。

（4）传感器技术。智能制造与传感器紧密相关。现在各式各样的传感器在企业里用得很多，有嵌入的、绝对坐标的、相对坐标的、静止的和运动的，这些传感器是支持人们获得信息的重要手段。传感器用得越多，人们可以掌握的信息越多。传感器的智能化、无线化、微型化和集成化是未来智能制造技术发展的关键之一。

（5）人工智能技术。人工智能（Artificial Intelligence，AI）是研发用于模拟、延伸和扩展人的智能的理论、方法、技术及应用系统的科学。该领域的研究包括机器人、语言识别、图像识别、自然语言处理和专家系统、神经科学等。

（6）射频识别和实时定位技术。射频识别（Radio Frequency Identification，RFID）是无线通信技术中的一种，通过识别特定目标应用的无线电信号，读写出相关数据，而不需要机械接触或光学接触来识别系统和目标。无线射频可分为低频、高频和超高频三种。射频识别读写器可分为移动式和固定式两种。射频识别标签贴附于物件表面，可自动远距离读取、识别无线电信号。

1.1.4　智能制造技术的应用

工业革命经历了四个发展阶段，从工业 1.0 的机械化、2.0 的电气化、3.0 的信息化到 4.0 的智能化，每个阶段都有核心驱动技术。工业 3.0 阶段已经利用信息技术来促进自动化的生产，而工业 4.0 的智能化，则是制造技术、信息技术和智能技术的集成和深度融合。

随着制造业面临的竞争与挑战日益加剧，将传统的制造技术与信息技术、现代管理技术相结合的先进制造技术得到了重视和发展，先后出现计算机集成制造、敏捷制造、并行工程、大批量定制、合理化工程等相关理念和技术。

从深刻影响全球制造业的 CIM（Computer Integrated Manufacturing）、并行工程、敏捷制造、大批量定制、合理化工程等先进理念，到工业自动化、工业软件的长足发展，以及在工业实践中蓬勃发展的工业工程和精益生产方法，都是智能制造蓬勃发展的基石。而互联网、物联网的兴起，人工智能技术的实践应用，又为智能制造理念的落地实践提供了有力支撑。

我国最早的智能制造研究始于 1986 年杨叔子院士开展的人工智能与制造领域的应用研究工作。杨叔子院士认为智能制造系统是"通过智能化和集成化的手段来增强制造系统的柔性和自组织能力，提高快速响应市场需求变化的能力"。吴澄院士认为，从实用、广义角度理解智能制造，是以智能技术为代表的新一代信息技术，包括大数据、互联网、云计算、移动技术等，以及在制造全生命周期的应用中所涉及的理论、方法、技术和应用。周济院士则认为，智能制造的发展经历数字化制造、智能制造 1.0 和智能制造 2.0 三个基本范式的制造系统逐层递进。智能制造 1.0 系统的目标是实现制造业数字化、网络化，最重要的特征是在全面数字化的基础上实现网络互联和系统集成。智能制造 2.0 系统的目标是实现制造业数字化、网络化、智能化，实现真正意义上的智能制造。

工业和信息化部在《智能制造发展规划（2016—2020 年)》中定义智能制造是基于新一代信息通信技术与先进制造技术深度融合，贯穿于设计、生产、管理、服务等制造活动的各个环节，具有自感知、自学习、自决策、自执行、自适应等功能的新型生产方式。实际上，智能制造是制造业价值链各个环节的智能化，融合了信息与通信技术、工业自动化技术、现代企业管理、先进制造技术和人工智能技术五大领域技术的全新制造模式，实现企业的生产模式、运营模式、决策模式和商业模式的创新。

作为制造强国建设的主攻方向，智能制造发展水平关乎我国未来制造业的全球地位。2021 年 12 月 28 日，工业和信息化部、国家发展和改革委员会、教育部、科学技术部、财政部、人力资源和社会保障部、国家市场监督管理总局、国务院国有资产监督管理委员会等八部门对外公布了《"十四五"智能制造发展规划》（以下简称《规划》）。

《规划》提出推进智能制造的总体路径是：立足制造本质，紧扣智能特征，以工艺、装备为核心，以数据为基础，依托制造单元、车间、工厂、供应链等载体，构建虚实融合、知识驱动、动态优化、安全高效、绿色低碳的智能制造系统，推动制造业实现数字化转型、网络化协同、智能化变革。

《规划》还指出，在未来 15 年将通过"两步走"，以加快推动生产方式变革：一是到 2025 年，规模以上制造业企业大部分实现数字化网络化，重点行业骨干企业初步应用智能化；二是到 2035 年，规模以上制造业企业全面普及数字化网络化，重点行业骨干企业基本实现智能化。

📋 思政案例

《流浪地球 2》的科幻背后是大国重工，《流浪地球 2》电影中出现的大量的智能化机械设备都自来徐工集团的智能生产线。

1.1.5　智能制造技术的发展趋势

智能制造技术是随着市场需求的变化，集成了技术创新、模式创新和组织方式创新的制造系统，是集成制造、精益生产、敏捷制造、虚拟制造、网络化制造等多种先进制造系统和模式的综合。

1.1.5.1　智能化工厂引领智能制造发展的新趋势

随着全球自动化和人工智能等技术的发展，全球企业纷纷加大力度布局自动化和智能制造领域。

现在全球主要制造业发达国家，都在以工业 4.0 为指导推动"灯塔工厂"和智能工厂的建设。我国制造业的发展水平相对于发达国家来说，存在一定差距，但我国也在积极推进智能制造示范工厂及其优秀场景的建设，于 2021 年发布了智能制造示范工厂名单，包括 110 家的揭榜单位和 241 个的优秀场景。

全球自动化工厂到智能化工厂的转变主要有两个推动力：一个是柔性化生产的需求，例如消费产品升级所需要的多样化、小批量、快速迭代的生产需求；另外一个是随着技术的发展升级，工业自动化已经取得了很大进步，智能制造技术逐步扩展到各个行业和各个环节，在整个工业生产应用中，主要体现在利用智能化技术来改变"人机料法环"系统，打造智能化的工厂。从未来发展看，智能工厂将成为引领智能制造发展的一个新趋势。

1.1.5.2　重点行业、核心产品和关键技术的技术创新加速

我国智能制造装备发展起步比较晚，虽然说在产业体系上已经形成了一定的基础，但是在高端设备产品，以及一些核心技术和关键零部件上，与国外企业还存在差距。

智能制造技术将在重点行业内持续普及，特别是有持续扩张产线需求的产业，容易成为智能制造产业的热点领域，如光伏加工设备、锂电自动化设备。创新资源集聚，推动产业自动化与智能化程度不断加深，制造过程控制与制造执行系统在全行业内普及。

通过多年的持续投入，智能制造技术在数控机床、工业机器人等领域已取得一定进步。从未来发展看，针对制造业痛点的一些产品领域，智能制造技术更容易被制造业企业所接受。例如，珠三角推动的"机器换人"，带动了工业机器人的发展；而在半导体制造等领域，利用机器视觉的自动化检测设备，可以极大提升产品表面质量检测的效率，这就促进了机器视觉技术的应用。

随着制造业的不断升级和政策的持续助推，我国在先进制造技术、信息技术和智能技术的集成应用不断取得突破，不仅实现了伺服电机、减速器、控制器等关键部件的国产替代，而且在技术上已达到国际先进水平，将在产品出口上取得突破。

1.1.5.3　集成服务商和一站式供应商，推动智能制造产业链的组织模式变革

随着智能制造产业的发展，遵循标准化、集成化的行业演进规律，传统制造系统的产业供应链模式将被打破。随着智能制造技术和产品体系越来越庞杂，对于终端客户来说，进行产品和技术选型花费的成本越来越高，因此有整体解决方案的供应商会占优势。在终端客户和自动化设备中间，集成服务商的地位更加凸显，典型代表如拓斯达 T-MES 系统，通过整合工业机器人硬件设备、MES 等软件系统以及工业物联网，打造完成智能工厂的完整解决方案。

1.1.5.4　工业互联网助力智能制造技术发展

工业互联网的概念最早是由美国 GE 公司于 2012 年提出来的，目前已经成为全球产业供应链变革的重要驱动技术。从全球看，中美两国是工业互联网的主要推动者。工业互联网既是中国工业从制造到智能制造的转折点，也是中国工业弯道超车的契机之一，它将会极大促进区域产能重组升级和产业供应链优化。

工业互联网的核心价值，就是可以连接和整合数据资源，结合物联网、人工智能、云计算、大数据等技术，为制造业企业提供端到端的智能制造解决方案。它颠覆了传统的生产组织模式，让生产方式由传统的"标准+集中"转变为数字时代的"定制+分布"，组织方式由产业链条式变为网络协同式，从而加快产品更新速度、缩短研发周期、实现定制生产。它以数据来驱动产业升级，助推智能化工厂的建设。

📋 思政案例

习近平总书记在党的二十大报告中强调："实施产业基础再造工程和重大技术装备攻关工程，支持专精特新企业发展，推动制造业高端化、智能化、绿色化发展。"智能化是制造业发展的高级形态，推动制造业智能化发展不仅是高质量发展的内在要求，也是提升制造业发展水平的现实需要。

📑 任务实施

本任务引导学生结合线上与线下教学资源、网络资源，积极探索了解智能制造系统及

其相关关键技术的最新资讯，丰富知识视野，形成全面认知。

任务考核与评价

基于技能学习的多元评价模块，开展多评价主体的课堂全过程考核，实现对学生知识、能力、素养的全方位分析。学生能通过学习分析模块，查看自己的学习变化动态情况。具体量化评价体系见表1-1。

表1-1 任务1.1项目评价量化表

评价内容及所占比重			评价标准			评价系统主体	评价对象
			完成	部分完成	未完成		
诊断性评价（20%）	在线资源自学情况	线上课程自学情况（5%）	5%	1%~4%	0	教师评价	个人
		在线测试情况（10%）	10%	1%~9%	0	系统评价	
		线上论坛参与情况（5%）	5%	1%~4%	0	教师评价	
评价内容及所占比重			评价标准			评价系统主体	评价对象
			完全规范	规范	不规范		
过程性评价（50%）	职业技能评价（30%）	智能制造概念认知（6%）	6%	1%~5%	0	学生互评、教师评价	小组/个人
		智能制造特点掌握（8%）	8%	1%~7%	0		
		关键技术认知（8%）	8%	1%~7%	0		
		发展情况了解程度（8%）	8%	1%~7%	0		
	职业素养评价（20%）	岗位素养规范（5%）	5%	1%~4%	0		
		软件操作规范（5%）	5%	1%~4%	0		
		职业认同意识（5%）	5%	1%~4%	0		
		职业规范意识（5%）	5%	1%~4%	0		
评价内容及所占比重			评价标准			评价系统主体	评价对象
			正确合理	不正确、不合理			
结果性评价（30%）	智能制造认知	概念认知（8%）	8%	0		多元评价系统、教师评价	个人
		特点认知（8%）	8%	0			
		技术认知（8%）	8%	0			
		发展认知（6%）	6%	0			
小计			100%				

习 题

（1）什么是智能制造？
（2）智能制造技术应用的特点有哪些？
（3）智能制造涉及的关键技术有哪些？
（4）你认为智能制造的未来发展趋势如何？

任务 1.2　智能制造虚实二元场景实训教学平台

📋 任务介绍

本任务依托载体为本校智能制造产业学院的智能制造虚实二元场景实训教学平台，该平台所在智能制造实训中心为国家级生产性实训基地。该实训平台紧紧围绕工业 4.0 与中国制造 2025 先进理念，将虚拟实训平台与物理实训平台数字孪生结合，完成校内智能制造相关专业的教学工作，并承接社会企业委托的校企合作订单任务。

本任务从智能制造虚实二元场景实训教学平台的总体设计、软硬件构成入手，结合物理真实产线和虚拟实训平台（虚实二元结合）来开展智能制造产线的认知学习。

🎯 知识目标

掌握智能制造虚实二元场景实训教学平台的系统组成与布局情况。

📋 技能目标

掌握物理产线区与虚拟产线区的数字孪生结合方式。

🅰 素养目标

培养技能强国意识，引导学生以饱满的热情投身强国实践。

📝 任务描述

通过学习了解智能制造虚实二元场景实训教学平台物理产线区的组成、布局，以及数字孪生虚拟产线区的构建与功能情况。

📝 任务分析

该智能制造虚实二元场景实训教学平台为学生创造全方位"工学结合"的学习场景，从而破解知识技能学习与工作场景实训脱节的问题，加强职业知识与职业能力的学习，实现即学即用的场景化学习氛围。同时，该平台有助于实现面向工作环境的学习，形成贯通学习与就业一体化的机制，达成职业能力为本、就业需求为导向的培养目标。

📑 相关知识

智能制造虚实二元场景实训教学平台由智能制造模具加工单元、智能制造车削加工单元、智能制造产品检测单元、立体仓库单元、智能中控信息管理系统以及各单元对应的数字孪生仿真系统共同构成，可以完成模具型腔、型芯、电极、零件等 6 条智能生产线的加工制造及检测全过程。

1.2.1　智能制造虚实二元场景实训教学平台总体介绍

智能制造虚实二元场景实训教学平台以大规模、离散型、岛屿式的智能制造生产线为实物载体。整个智能制造物理实训平台由智能制造模具加工单元、智能制造车削加工单元、智能制造检测单元、立体仓储单元、智慧物流系统及控制系统构成。物理实训平台实景如图 1-1 所示。其智能检测单元、智能制造模具单元以及车削单元内部的物料中转通过工业机器人实现，外部之间的物料中转都通过 AGV 小车实现。

图 1-1 智能制造虚实二元场景物理实训平台

物理产线区配套的虚拟产线区由华航唯实数字孪生系统（PQFactory）、工业机器人仿真系统（RobotStudio）、智能制造执行系统（MES）、智慧仓储管理系统（WMS）等一系列数字孪生仿真系统组合构建，通过镜像物理实体产线区，构建虚拟模型产线区，建立物理实体与虚拟模型的双向数据连接，实现虚实同步与融合。虚拟平台搭建如图 1-2 所示。

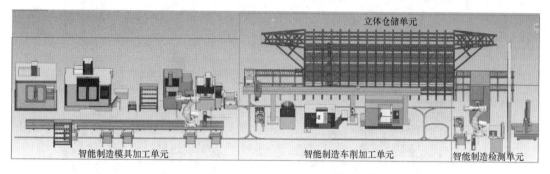

图 1-2 智能制造虚实二元场景虚拟实训平台

1.2.2 智能制造物理产线区

1.2.2.1 智能制造模具加工单元

智能制造模具加工单元由两台分别配置为三轴和四轴的加工中心、两台电火花放电加工机床以及带第七轴的地轨式机器人构成，如图 1-3 和图 1-4 所示，并配套相应的物料架、中转料架、机器人快换工装、EROWA 零点定位夹具系统等。七轴工业机器人实现自动化加工上下料；加工中心配套相应的具备网络功能的数控系统，与 MES 系统进行数据的对接；加工中心的状态通过 MES 数据采集系统来实现实时的数据采集，如当前加工的信息等。

图 1-3 智能制造模具加工单元配置

图 1-4 智能模具加工单元机床实物图

(a) 快亚加工中心；(b) 凯达加工中心；(c) GF 火花机；(d) 三菱火花机

智能制造模具加工单元配置 IRB6700-200 型号的 ABB 工业机器人来实现物料在各加工设备之间的中转，系统配置 16 m 定位精度达到 ±0.05 mm 的地轨来实现机器人本体的移动，如图 1-5 所示。机器人配套相应的手爪和快换来完成不同重量等级、不同形状工件的抓取。机器人与 EROWA 夹具的自动控制，采用机器人本身的 I/O 单元来实现，并通过

EROWA 零点定位系统实现机械接口的标准化，实现工件在各工序之间周转时有统一的定位和装夹基准，重复定位精度达到±0.002 mm，如图1-6所示。

图 1-5　配置 16 m 的地轨来实现机器人第七轴的移动

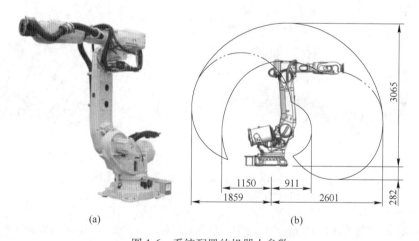

(a)　　　　　　　　　　(b)

图 1-6　系统配置的机器人参数

（a）选用 ABB 机器人 IRB6700-200；（b）IRB6700-200 运动范围

1.2.2.2　智能制造车削加工单元

智能制造车削加工单元主要由两台数控车床和一台桁架式机器人来实现车削零件的智能制造。本智能制造单元可以完成轴类、套类和盘类零件的加工，并通过配套的中转料架完成成品、毛坯与 AGV 系统的交互，进而通过 AGV 完成与智能立体仓储之间的物料交互。智能制造车削加工单元设计如图 1-7 所示。

图 1-7　智能制造车削加工单元配置

智能制造车削加工单元配置两台数控车床，如图 1-8 所示，配置相应的自动化控制模块。顶开式的自动化开关门以实现自动化的物料输送。数控车床将配套相应的具备网络功能的数控系统，以方便 MES 进行数据的对接。数控车床的状态也可以通过 MES 数据采集系统来实现实时的数据采集，如当前加工的信息、当前主轴的状态、当前刀具的信息等。

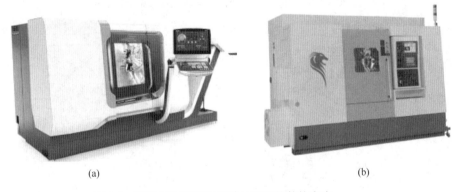

(a)　　　　　　　　　　　　　　　　　　　(b)

图 1-8　智能制造车削加工单元配置的数控车床
(a) 德玛吉数控车床；(b) 福硕车铣复合机床

桁架机器人长度为 12 m，定位精度达到 ±0.03 mm，配置一个料仓和一个工件翻转机构在两台数控车床的中间实现工件的翻转和定位，并配套相应的桁架机器人手爪工装，如图 1-9 所示。桁架机器人系统为主机控制数控车床，其通过网络与 MES 系统对接实现自动化运行，与中转料台控制系统采用 I/O 通信的方式完成通信，而中转料台系统通过 I/O 转Wi-Fi 通信的方式完成与 AGV 的通信。

1.2.2.3　智能制造检测单元

智能制造检测单元主要由一台三坐标检测机、一台六自由度工业机器人、一台清洗机、一台激光打标机组成。机器人作为单元工作站的中心来完成对周边设备的控制，并配

图 1-9 智能制造车削加工单元的桁架机器人

套相应的中转料架和机器人快换工装和手爪库，完成智能产线上加工零件的自动化接触式测量。智能制造检测单元如图 1-10 所示。

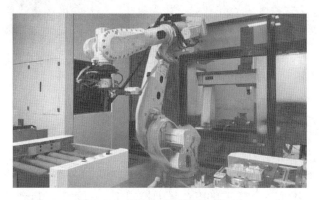

图 1-10 智能制造检测单元配置

智能控制系统采用工业机器人抓取工件送入打标机打标，机器人作为本地控制实现了打标机打标动作的启动、暂停、停止等具体的实现。机器人对三坐标的控制采用 I/O 通信的方式实现。机器人将工件送入三坐标平台上预先安装好的 EROWA 夹具来实现自动化的测量。工业机器人作为本地控制器在工厂管理层面充当了现场操作员的角色。现场的打标动作和机器人的动作进行了联锁的保护措施，当打标出现异常时机器人也同步停止打标操作。三坐标检测机设备如图 1-11 所示。

配置激光打标机（见图 1-12）可以实现在塑料和金属表面的打标作业，激光波长 1064 nm，输出功率 20 W，并配置带网络接口的工业控制电脑实现外部打标数据的远端输入和读取，配置基于 Windows 平台的打标控制软件实现具体的打标作业，配置外部 I/O 端口实现外部设备如机器人与打标机的交互。

配置的清洗机具备全自动化清洗、漂洗、烘干等功能于一体。

图 1-11 三坐标检测机

机器人抓取工件控制清洗机开门后将工件送入清洗机，并启动清洗机完成自动化清洗作业。清洗机内部配置 EROWA 卡盘实现工件的定位。自动化超声清洗设备如图 1-13 所示。

图 1-12　激光打标机　　　　　　　　　图 1-13　自动化超声清洗设备

1.2.2.4　立体仓储单元

立体仓储单元的主体由货架、巷道式堆垛起重机、入（出）库工作台和自动运进（出）及操作控制系统组成，如图 1-14 所示。整个货架由铝型材构成，采用 RFID 识别系统加欧姆龙光电系统构成控制元件。双排组合货架 4 层 18 列，共 144 个货位。堆垛机 X、Y 水平和垂直机构的运动控制采用西门子 S7-1200PLC 系列控制系统，并配置运动控制单元实现，激光定位系统进行精确定位操作。堆垛机的所有控制参数都可以上传到 MES 系统。

图 1-14　立体仓储单元配置

1.2.2.5　智能物流系统

整个智能产线配备四台双向牵引顶升型 AGV 小车，顶升方式与料车对接，物品重量可以达到 300 kg，如图 1-15 所示。AGV 小车包括车载控制器、导航模块、电池模块、障碍物探测模块、报警模块、充电模块、通信模块及控制系统软件等，实现地图管理、路径导航、路径规划、AGV 导引控制、自主充电控制、交通管理、任务分配、报警信息管理等功能。

图 1-15　智能物流系统 AGV 运行

1.2.2.6　智能控制管理系统

智能产线物理实训平台的控制管理系统包括智能仓储 WMS 系统软件、立体仓库智能触控终端、中央物流管理系统等。MES 系统包含项目管理模块、PDM 产品数据管理模块、CNC 数控加工模块、EDM 电火花加工模块、CMM 产品质量检测模块、加工程式检测模块等功能模块，界面如图 1-16 所示。每台机床开放的接口，通过对数据的读取，控制机床的启动、停止、上传程序，完成数据采集。

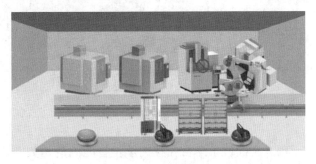

图 1-16　MES 系统界面

系统配置本地工业交换机实现智能化打标单元内各设备的网络连接，可以实现标准 TCP/IP、MODBUS_TCP 以及 Ethernet/IP 等几种通信方式，也可以实现基于 OPC 的网络通信方式，还可以配置路由器以实现打标单元的远程启动和监控。

1.2.2.7　智能制造虚拟产线区实训教学平台

虚拟产线区由华航唯实数字孪生系统、工业机器人仿真系统、智能制造执行系统、智慧仓储管理系统共同构建，运用 SolidWorks 软件建立智能生产线物理平台的三维实体模型，将模型数据导入工业机器人仿真系统界面。活动模型部分创建机械功能，使用

Smart 组件功能分别实现各设备成为独立的运行系统；工业机器人部分设置机器人本体参数、仿真示教器和控制器，进行 I/O 信号仿真、指令程序编写等。在虚拟实训平台中，可以完成智能产线运行的路径规划、离线编程、仿真调试、程序上下载等功能，模拟物理产线区实训平台的现场环境与生产过程。具体虚拟平台界面（见图 1-17）实时呈现多机器运行情况和智能化的生产工序流程，反馈物理区现场作业。智能产线具体虚拟布局如图 1-18 所示。

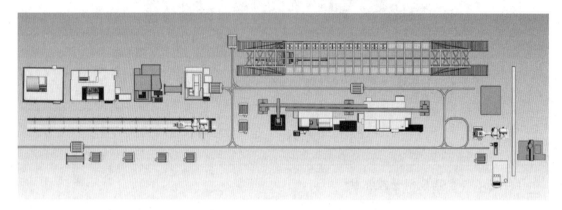

图 1-17 智能产线虚拟平台界面

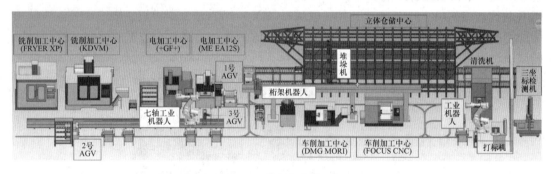

图 1-18 智能产线布局

智能制造虚实二元场景实训教学平台在校内承担智能制造相关专业的实践教学任务，目前已运行三个学期。平台实践环节实施前后进行的知识图景和技能体系测试数据显示，学生的职业技能水平提升显著。平台还承担所在的国家级生产性实训基地和世界技能大赛中国集训基地的相关培训任务和跨省的校校合作实践教学任务。

思政案例

吉利汽车自主创新研发全流程汽车仿真生产系统，该系统达到了国际高端汽车的制造标准。

任务实施

根据任务内容，组织小组进入智能制造虚实二元场景实训教学平台物理产线区观察参观，加深学生对于本课堂所采用的智能产线的了解，并引入先进的数字孪生技术作为二元融合教学，提升学习内容的时效性和先进性，增强学生技能报国的动力和信心。

（1）现场参观智能制造虚实二元场景实训教学平台物理产线区，了解各区域设备情况；各组分工进行设备参数、位置、特性、功能的记录，讨论设备加工能力和运行工艺规划。

（2）进入智能制造虚实二元场景实训教学平台物理产线区的生产调度中心观摩数字孪生产线区的构建情况及实际操作过程，建立虚实同步概念。

任务考核与评价

基于技能学习的多元评价模块，开展多评价主体的课堂全过程考核，实现对学生知识、能力、素养的全方位分析。学生能通过学习分析模块，查看自己的学习变化动态情况。具体量化评价体系见表1-2。

表1-2　任务1.2项目评价量化表

评价内容及所占比重			评价标准			评价系统主体	评价对象
			完成	部分完成	未完成		
诊断性评价（20%）	在线资源自学情况	线上课程自学情况（5%）	5%	1%~4%	0	教师评价	个人
		在线测试情况（10%）	10%	1%~9%	0	系统评价	
		线上论坛参与情况（5%）	5%	1%~4%	0	教师评价	

评价内容及所占比重			评价标准			评价系统主体	评价对象
			完全规范	规范	不规范		
过程性评价（50%）	职业技能评价（30%）	物理产线区布局认知（6%）	6%	1%~5%	0	学生互评、教师评价	小组/个人
		物理产线区设备认知（8%）	8%	1%~7%	0		
		虚拟产线区认知（8%）	8%	1%~7%	0		
		虚实二元结合概念认知（8%）	8%	1%~7%	0		
	职业素养评价（20%）	岗位素养规范（5%）	5%	1%~4%	0		
		虚实二元结合应用认知（5%）	5%	1%~4%	0		
		现场参观后整理（5%）	5%	1%~4%	0		
		文明礼貌、团结互助（5%）	5%	1%~4%	0		

评价内容及所占比重			评价标准		评价系统主体	评价对象
			正确合理	不正确、不合理		
结果性评价（30%）	虚实二元实训平台认知	物理实景了解情况（8%）	8%	0	多元评价系统、教师评价	个人
		设备认知度（8%）	8%	0		
		虚拟平台认知度（8%）	8%	0		
		参观任务完成度（6%）	6%	0		
小计			100%			

习　题

（1）智能制造虚实二元场景实训教学平台物理产线区的组成有哪些？

（2）智能制造实训教学平台的虚拟产线区由哪些部分组成？

（3）智能制造车削加工单元的主要作用是什么？

（4）七轴工业机器人的主要配置有哪些？

（5）智能制造检测单元的主要组成部分有哪些？

项目2 智能机器人技术与应用

任务2.1 智能产线桁架机器人技术与应用

📋 任务介绍

本任务需要了解桁架机器人的结构、原理及相关系统操作界面；对桁架机器人系统进行操作，并对桁架机器人进行点位示教；分析桁架机器人所在单元相关零件的加工工艺流程，并利用单元相关的数控车床、桁架机器人、刀具、夹具，完成相关零件的加工。

⊕ 知识目标

分析桁架机器人的结构与原理组成，掌握点位示教技巧。

✅ 技能目标

根据零件加工要求，配置相关机器人数据，掌握桁架机器人的实际操作运行。

A+ 素养目标

建立学生科技自信，并培养学生分析、解决实际工程问题的能力，培养严谨细致的工作态度。

2.1.1 桁架机器人认知

📝 任务描述

了解和认知桁架机器人的原理、类型和结构。智能产线内桁架机器人配置如图2-1所示。

图2-1 智能产线内的桁架机器人

任务分析

了解并分析桁架机器人的操作原理，熟悉系统操作界面，掌握各按键的具体功能。

相关知识

桁架机器人又称龙门式机器人，也称为直角坐标机器人（cartesian robot），是指能够实现自动控制的、可重复编程的、多自由度的、运动自由度建成空间直角关系的、多用途的操作机。其工作的行为方式主要是通过完成沿着 X、Y、Z 轴上的线性运动来进行的。

桁架机器人是以 X、Y、Z 直角坐标系统为基本数学模型，以伺服电机、步进电机为驱动，以单轴机械臂为基本工作单元，以滚珠丝杆、同步皮带、齿轮齿条为常用的传动方式所架构起来的机器人系统，可以完成在 X、Y、Z 三维坐标系中任意一点的到达和遵循可控的运动轨迹。

桁架机器人采用运动控制系统实现对其的驱动与编程控制，直线、曲线等运动轨迹的生成为多点插补方式，操作与编程方式为引导示教编程方式或坐标定位方式。

桁架机器人的主要特点有：

（1）自由度运动，每个运动自由度之间的空间夹角为直角；

（2）自动控制的，可重复编程，所有的运动均按程序运行；

（3）一般由控制系统、驱动系统、机械系统、操作工具等组成；

（4）灵活，多功能，因操作工具的不同功能也不同；

（5）高可靠性，高速度，高精度；

（6）可用于恶劣的环境，可长期工作，便于操作维修。

JRB 系列桁架机械手是将机器人本体、机械手臂、轨道、立柱、抓手系统、控制柜、操作面板、人机界面、料仓、翻转台（可选）、抽检工位（可选）等封装到一起，做成一台标准的机器人自动上下料单元体，能够实现整体安装调试和运输。

JRB 系列桁架机械手采用"一拖二"的布置方式，一台机器人可以完成两台机床的自动上下料，特别适合加工节拍短、生产批量大的工作场合。

JRB 系列桁架机械手是一种标准化的解决方案，可以兼容同类的多种零件，进行柔性化生产。这套系统买来就可以用，不需要出方案，不需要定制，不需要分解再重组，因此可以在短时间内组建大规模的无人工厂，可以做到一个人值守 16~20 台机床。JRB 系列桁架机械手是整体封装的标准化产品，可以在巨大机器人的工厂进行大批量生产，是机器人换人的成熟商品。

思政案例

我国在 20 世纪 70 年代开始进行工业机器人的研发，发展历程可分为 4 个阶段，即理论研究阶段、样机研发阶段、示范应用阶段及初步产业化阶段，见表 2-1。

表 2-1　我国工业机器人发展阶段与意义

年代	名称	意义
20 世纪 70 年代	理论研究阶段	机器人基础理论研究，机器人运动学、机构学等取得一定进展
20 世纪 80 年代	样机研发阶段	机器人研究得到国家重视，基础技术、元器件、机器人样机攻关出现
20 世纪 90 年代	示范应用阶段	自主研制出弧焊机器人、点焊机器人等 7 种工业机器人
21 世纪	初步产业化阶段	增强自主创新能力，产学研紧密结合，产业新局面基本形成

早在 20 世纪 50 年代我国就开始研制机械手，为工业机器人的研制打下了基础。相对于西方国家，我国工业机器人起步较晚，经过 40 多年的奋斗，目前工业机器人技术已有很大成效。我国在 1972 年由上海率先开始研究工业机器人，随后在北京、哈尔滨、昆明等地陆续开展工业机器人研发工作。在"七五"时期，国家大力投资工业机器人研发，在政策的支持和鼓励下，研制出了点焊机器人、喷涂机器人和装运机器人等，到"863"计划期间，我国的工业机器人发展迈上了新台阶；进入 20 世纪 90 年代，我国工业机器人达到了实用化状态，已研制出平面关节型装配机器人、直角坐标机器人，这是我国机器人行业的又一大进展；到 21 世纪的今天，我国已孕育培养出多家工业机器人制造企业、机器人产业化基地和科研基地，其中沈阳新松机器人公司、哈尔滨博时自动化公司等已进入国际前列。

工业机器人是我国智能制造 2025 的核心抓手之一，是我国机器换人、制造业产业升级的核心环节。我国工业机器人产业发展的中长期推动力仍然是我国制造业产业升级以及自动化、智能化、网络化三化。目前看，我国制造业三化仍处于初级阶段，我国工业机器人中长期看仍具有较大的增长空间。

2021 年，我国工业机器人产量再上新台阶。国家统计局数据显示，继 2020 年全国工业机器人产量突破 20 万套大关后，2021 年全国工业机器人产量成功突破 30 万套大关，达到 36.6 万套，同比增长 67.9%；营收超过 800 亿元，同比增长近三成。与此同时，工业机器人的应用行业与应用领域也进一步扩大，已覆盖汽车、电子、冶金、轻工、石化、医药等 52 个行业大类、143 个行业中类，并囊括了焊接、喷涂、装配、搬运、堆垛、打磨、涂胶、分拣、包装、检测、上下料等数十种工艺。

2021 年 3 月，全国人民代表大会通过《中华人民共和国国民经济和社会发展第十四个五年规划和二〇三五年远景目标纲要》，要求深入实施智能制造和绿色制造工程，发展服务型制造新模式，推动制造业高端化、智能化、绿色化，推动机器人等产业创新发展。

2021 年 12 月，工业和信息化部发布《"十四五"机器人产业发展规划》，提出重点推进工业机器人等产品的研制与应用，提高工业机器人性能、质量和安全性，推动产品高端化、智能化发展，同时开展工业机器人创新产品发展行动，完善《工业机器人行业规范条件》，加大实施和采信力度。

任务实施

桁架真实运行　桁架运行虚拟仿真

桁架机器人结构配置如图 2-2 所示。

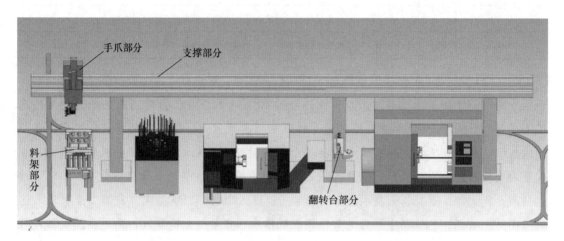

手爪部分　　支撑部分

料架部分

翻转台部分

图 2-2　桁架机器人的配置

在智能产线中，桁架机器人布局在智能车削单元内，主要用来智能车削单元物料的周转。桁架机器人坐标系如图 2-3 所示，各坐标轴及方向，遵循右手笛卡尔直角坐标系定则。

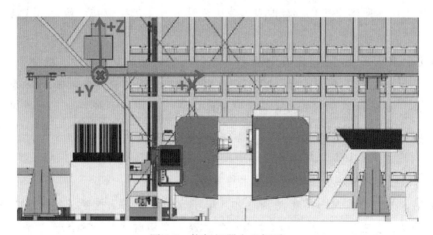

图 2-3　桁架机器人坐标系

桁架机器人根据零件的加工特性，配套了相应的两副手爪，为了防止夹伤加工完的工件表面，其中一副手爪配有工业塑料，用于已加工零件的抓取，如图 2-4 所示。

桁架机器人的控制系统主要由数控系统操作面板、机械控制操作面板以及手摇控制器所组成，如图 2-5 所示。

图 2-4　桁架机器人手爪配置

图 2-5　桁架机器人系统操作面板

任务考核与评价

基于技能学习的多元评价模块，开展多评价主体的课堂全过程考核，实现对学生知识、能力、素养的全方位分析。学生能通过学习分析模块，查看自己的学习变化动态情况。具体量化评价体系见表 2-2。

表 2-2　任务 2.1.1 项目评价量化表

评价内容及所占比重			评价标准			评价系统主体	评价对象
			完成	部分完成	未完成		
诊断性评价（20%）	在线资源自学情况	线上课程自学情况（5%）	5%	1%~4%	0	教师评价	个人
		在线测试情况（10%）	10%	1%~9%	0	系统评价	
		线上论坛参与情况（5%）	5%	1%~4%	0	教师评价	
评价内容及所占比重			评价标准			评价系统主体	评价对象
			完全规范	规范	不规范		
过程性评价（50%）	职业技能评价（30%）	桁架机器人原理认知（6%）	6%	1%~5%	0	学生互评、教师评价	小组/个人
		桁架机器人类型认知（8%）	8%	1%~7%	0		
		桁架机器人参数认知（8%）	8%	1%~7%	0		
		桁架机器人操作界面认知（8%）	8%	1%~7%	0		
	职业素养评价（20%）	岗位素养规范（5%）	5%	1%~4%	0		
		软件操作规范（5%）	5%	1%~4%	0		
		操作完成后现场整理（5%）	5%	1%~4%	0		
		文明礼貌、团结互助（5%）	5%	1%~4%	0		
评价内容及所占比重			评价标准			评价系统主体	评价对象
			正确合理	不正确、不合理			
结果性评价（30%）	桁架机器人系统认知	结构认知准确性（8%）	8%	0		多元评价系统、教师评价	个人
		功能了解全面性（8%）	8%	0			
		系统认知规范性（8%）	8%	0			
		认知任务完成度（6%）	6%	0			
小计			100%				

2.1.2　桁架机器人运行操作

任务描述

学习掌握桁架机器人的系统操作，并对桁架机器人进行点位示教；分析桁架机器人所在单元相关零件的加工工艺流程，并利用单元相关的数控车床、桁架机器人、刀具、夹具，完成相关零件的加工。

任务分析

通过视频和示范操作学习，了解桁架机器人操作过程、步骤及安全规范，通过实践来掌握具体操作过程。

📑 **相关知识**

2.1.2.1　桁架机器人数控系统操作面板

数控系统操作面板主要由显示器与 USB 接口、软件区域、NC 键盘构成。显示器用来显示桁架机器人的工作状态，如图 2-6 所示；USB 接口可用于程序的输入、输出等功能；软件区域是根据用户对程序管理、系统诊断、偏置、用户自定义等功能进行设置；NC 键盘分为字母键、数字符号键和功能键，根据用户需要进行相应操作，如图 2-7 所示。

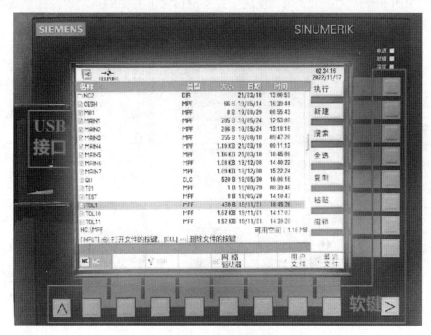

图 2-6　显示器界面

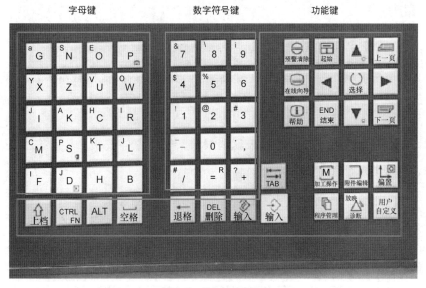

图 2-7　NC 键盘界面

要进行程序编辑，可以点击程序管理，找到相应的程序，点击输入键，点击程序编辑键，移动光标键就可以进行程序编辑。

2.1.2.2 桁架机器人机械操作面板

机械操作面板左侧有急停按钮、进给倍率和主轴倍率。急停按钮用于突发事件的紧急处理。进给倍率用来控制机器人 X、Y、Z 坐标轴的运动速度。右边分 4 个区域：第 1 个功能区为翻转台、上料爪、摆缸的动作；第 2 个功能区分为手摇、手动、回参考点、自动、单段、MDI 6 个模式；第 3 个功能区为在手动模式下各轴的运动以及速率的调节；第 4 个功能区为复位、循环启动、进给保持等相关功能。具体界面如图 2-8 所示。

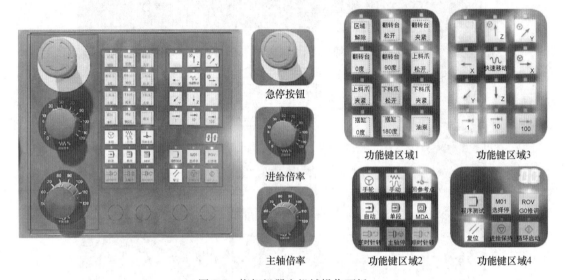

图 2-8 桁架机器人机械操作面板

任务实施

2.1.2.3 设备开机操作

首先是总电源上电，按下绿色上电按钮，会听到电柜内交流接触器吸合的声音，此时系统已经上电，系统面板屏幕会亮，各按键指示灯会闪烁，等待约 30 s 后，系统正式启动。

此时系统会出现急停或者驱动器未就绪报警，松开急停按钮，然后按下复位键 ，报警消除，所有电机正常上电。

接下来，桁架每个轴需要回参考点，按下回参考点按钮 ，此时指示灯会点亮。观察桁架每个轴现在的位置是否在安全位置。回参考点时，桁架会先把 Z 轴的气缸上升，直到气缸上升到位，然后 Z 轴向上，直到回到 Z 轴零位，然后 Y 轴回到零位，最后 X 轴回到零位。然后按下 ，所有轴会按照以上的动作一一执行。所有轴回到参考点后会出现如图 2-9 所示界面。

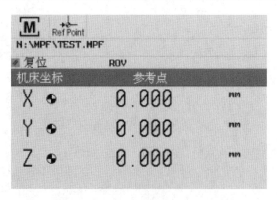

图 2-9　操作界面

如果 Z 轴在下面或者手爪在不安全的位置，则需要手动把手爪开到安全位置，然后再按回参考点按钮，接着再按下 。

桁架回到参考点后，按下程序管理按键 ，选择其中的主程序 MAIN. MPF。然后按下输入按钮 ，再按下自动按钮 ，最后按循环启动按钮 ，程序开始执行。

第一次执行程序时按单段按钮 ，然后按循环启动按钮 ，每执行一步按一次循环启动，这样可以方便检查程序，也能保证桁架的正常运行。程序单段执行结束，再按一次单段按钮，把单段取消，然后直接按循环启动，这样程序就可以一直循环工作。

每天工作结束，需桁架在安全位置时，按下复位键 ，程序停止，桁架停止运行，这样可以方便下次开机时回参考点的安全。按下急停按钮（防止其他人员误操作），然后按下下电按钮，系统黑屏，此时电柜内部还有电源，最后拉下电源总闸，确保电柜内部无电源。

在没有专业人员在现场时，切勿随意移动桁架轴，以免发生碰撞或者人员的伤亡。

2.1.2.4　桁架机器人程序解析

A　主程序 MAIN4

主程序主要负责与 MES 系统进行信号对接，桁架主程序作为从机等待 MES 的指令，根据 MES 的指令分别调用不同零件的不同取料和上料程序。程序中使用的字节说明见表 2-3。

表 2-3　程序字节说明

命令类型	取料位	放料位	设备号	标志位
DBB4900. DBB200	DBB4900. DBB202	DBB4900. DBB204	DBB4900. DBB206	DBB4900. DBB208
98	0	0	0	0
99	0	0	0	0
2	0	0	0	1
3	0	0	0	1
5	0~6	0~6	0	2
1	0	0	0	1

主程序编程示例：

```
N10 M50;气缸上
N20 G94G0Z0;
N30 Y0;
N32 X0;
N35 M56;摆缸 0°
N40 M54;下料爪打开
N50 M52;上料爪打开
N60 M61;翻转台 90°
N70 M58;翻转台打开
N72 R1＝0;
N75 AA:
N76 IF($A_DBB[4]＝＝1);判断料仓就位
N78 R1＝R1+1;
N80 IF(R1＝＝1);
N90 LCSL;取料子程序
N95 BB:
N100 IF($A_DBB[2]＝＝1);判断德玛吉加工完成
N110 DMJJSL;德玛吉上料子程序
N120 GOTOB AA;
N130 ENDIF;
N140 GOTOB BB;
N150 ENDIF;
```

程序编制

B　子程序编制

一托盘六零件两工序的运行轨迹规划如图 2-10 所示。

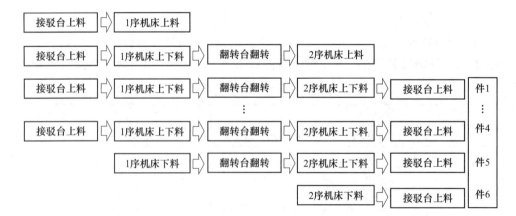

图 2-10　零件上下料运行轨迹规划

程序编制按照表 2-4 中的 G 代码和 M 代码执行。

表 2-4　子程序编写 G、M 代码指令

动作	指令	动作	指令
气缸上行	M50	快速定位	G00 X_Y_Z_
气缸下放	M51	直线进给	G01 X_Y_Z_F_
上料爪打开	M52	暂停	G04 F_
上料爪关闭	M53	返回参考点	G28 X_Y_Z_
下料爪打开	M54	从参考点返回	G29 X_Y_Z_
下料爪关闭	M55	补偿取消	G40
手爪摆缸 0°	M56	长度正补偿	G43 Z_
手爪摆缸 180°	M57	长度负补偿	G44 Z_
子程序结束	M17	分进给	G94
程序结束,返回起始点	M30	秒进给	G95

以料仓抓取为例,子程序编写如图 2-11 所示。

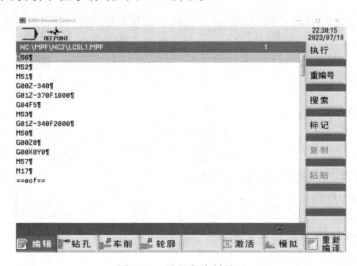

图 2-11　子程序编制界面

子程序编程示例:

N10 M50;

N20 G94G0Z0Y-100;

N30 X3751.6;

N40 Y-341.5;

N50 M57;摆缸 180°

N60 M81;2 号机床德玛吉加工完成

N70 M86;2 号机床德玛吉顶门打开

N80 M85;2 号机床德玛吉主轴停止

N90 M82;2 号机床德玛吉卡盘关闭

N100 M84;2 号机床德玛吉机床原点

```
N110 M51;气缸下
N120 Z-538.9;
N130 G01X3705.815F2000;
N140 M55;下料抓关闭
N160 G4 F1;
N170 M83;2 号机床德玛吉卡盘打开
N180 X3751.6;
     Z-539.7;
N1070 Y-195.3;
N1080 G01X3717.115F2000;
N1090 M82;2 号机床德玛吉卡盘关闭
N1100 G4F1;
N1110 M52;上料抓打开
N1120 G01X3751.8F2000;
Z-340;
N130 Y-330;
N190 M50;气缸上
N200 G0Z0;
N230 M88;
     M17;
```

C　桁架机器人点位示教

在智能车削单元里，为了能使桁架机器人精准地抓取零件，进行工序间的周转，需要对桁架机器人点位进行示教。在车削单元里，需要对接驳台、翻转台、机床卡盘等关键点位进行示教。零件上下料点位如图 2-12 所示。

具体调教操作步骤如下。

（1）回参考点：

1）将 X、Y、Z 坐标轴移动至正向；

2）将倍率旋转至 100% 及以上；

3）点击"回参考键"按钮；

4）点击 Z 正向按钮；

5）观察显示器 X、Y、Z 轴处于"0"。

（2）手动模式：

1）点击"手动键"按钮，指示灯亮；

2）选择所需的增量按钮；

3）选择所要移动的 X、Y、Z 轴到达目标位置。

（3）手轮模式：

1）点击"手轮键"按钮，指示灯亮；

2）旋开手轮器急停按钮开关；

3）选择所需的倍率按钮；

4）选择所要移动的坐标轴；

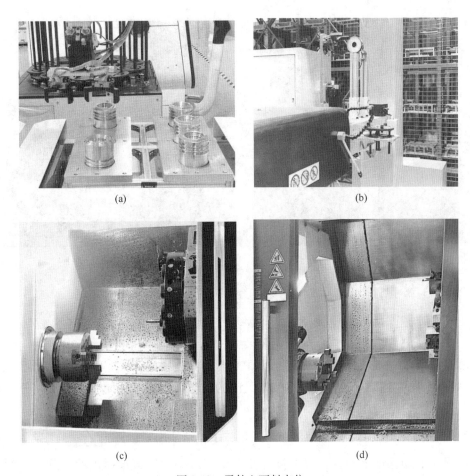

图 2-12　零件上下料点位

（a）接驳台 6 个点位；（b）翻转台 2 个点位；（c）德玛吉机床 1 个点位；（d）福硕机床 1 个点位

5）移动手轮脉冲器到达目标位置。

（4）MDI 模式：

1）点击"MDI"按钮，指示灯亮；

2）输入需要执行的动作程序；

3）按复位键，程序回初始位置；

4）点击"循环启动"按钮；

5）机器人执行动作。

以接驳台上套类零件的放置点位为例，具体点位如图 2-13 所示，具体操作如下：

（1）桁架机器人"回零"；执行 MDI：M51，启动，气缸下放；

（2）点击"手轮"按钮，使用手轮控制器，选择最大倍率，确定好方向，移动各轴，接近点 1 位；

（3）选择合适倍率、精调 X、Y 轴坐标方向，手爪与点 1 中心位置对中；

（4）精调 Z 方向坐标位置，使零件与托盘底面间隙控制在 2 mm 范围内；

（5）在数控系统显示器中找到机械坐标，记录 X、Y、Z 坐标轴数值。

(a)　　　　　　　　　　　　　　　　　　　(b)

图 2-13　接驳台点位

（a）套类零件放置点位 6 个；（b）点位 1 为例

D　安全操作规范

（1）启动运行之前的检查。在启动设备之前检查如下项目以确保安全运行：可供电源适合该桁架机械手；操作盘与电控柜的门是关闭的；防护门处于关闭状态且安全开关正常工作。

（2）停止桁架机械手。要紧急停止桁架机械手，请使用紧急停止 ⚠️；当紧急按钮被按下时，桁架机械手的所有操作被立即停止；操作者必须知道被提供的紧急按钮所处的位置。

（3）接通电源。严禁使用外皮被划伤或损坏的电缆，是因为这样的电缆会引起漏电或者电击；严禁触摸电控柜、变压器、马达、继电器盒等内的接线端子，是因为这些端子被供有高压；严禁用湿手触摸主电源断路开关。

（4）打开电源之后的检查。检查对应项目，如果发现不正常，切勿启动桁架机械手：在 NC 操作盘上的指示灯处于正常时，操作准备指示灯被点亮；日常检查项目没有问题。

（5）关闭电源。严禁用湿手触摸主电源断路开关；当主轴或者一个其他轴处于运行时，严禁关闭电源，否则，会因碰撞引起机床损伤或因为工件飞出造成人身伤害；如果系统超过 3 个月不被使用，则要备份诸如参数数据之类的数据，这是因为超出 3 个月不使用将会丢失 NC 中存储的数据。

📋 思政案例

据 2022 年 11 月 10 日报道，在佛罗里达州沿海海底发现一大块"挑战者"号航天飞机残骸。这是"挑战者"号自 1986 年爆炸解体后发现的最大几块残骸之一，也是近 25 年首次发现"挑战者"号残骸。"挑战者"号爆炸事故原因是，一个火箭助推器的环形密封圈失效，导致燃料泄漏。爆炸导致"挑战者"号解体，7 名宇航员无一生还。

任务考核与评价

基于技能学习的多元评价模块，开展多评价主体的课堂全过程考核，实现对学生知识、能力、素养的全方位分析。学生能通过学习分析模块，查看自己的学习变化动态情况。具体量化评价体系见表2-5。

表2-5　任务2.1.2项目评价量化表

评价内容及所占比重			评价标准			评价系统主体	评价对象
			完成	部分完成	未完成		
诊断性评价（20%）	在线资源自学情况	线上课程自学情况（5%）	5%	1%～4%	0	教师评价	个人
		在线测试情况（10%）	10%	1%～9%	0	系统评价	
		线上论坛参与情况（5%）	5%	1%～4%	0	教师评价	
评价内容及所占比重			评价标准			评价系统主体	评价对象
			完全规范	规范	不规范		
过程性评价（50%）	职业技能评价（30%）	明确桁架机器人操作的步骤（6%）	6%	1%～5%	0	学生互评、教师评价	小组/个人
		桁架机器人点位示教（8%）	8%	1%～7%	0		
		相关设备操作（8%）	8%	1%～7%	0		
		具体生产任务应用（8%）	8%	1%～7%	0		
	职业素养评价（20%）	防护用品穿戴规范（5%）	5%	1%～4%	0		
		工具、辅件摆放及使用（5%）	5%	1%～4%	0		
		操作完成后现场整理（5%）	5%	1%～4%	0		
		文明礼貌、团结互助（5%）	5%	1%～4%	0		
评价内容及所占比重			评价标准			评价系统主体	评价对象
			正确合理		不正确、不合理		
结果性评价（30%）	机器人编程与操作	机器人应用合理性（8%）	8%		0	多元评价系统、教师评价	个人
		桁架机器人编程正确性（8%）	8%		0		
		桁架机器人操作规范性（8%）	8%		0		
		实践任务完成度（6%）	6%		0		
小计			100%				

习　题

（1）桁架机器人的主要特点和主要结构是什么？

（2）桁架机器人的手爪具有什么特点？

（3）桁架机器人的操作流程主要分为哪几部分？

（4）桁架机器人的操作注意事项有哪些？

（5）桁架机器人子程序编写G、M代码指令有哪些，具体什么含义？

（6）桁架机器人抓取点位如何精准示教？

任务 2.2　智能产线工业机器人技术与应用

📋 任务介绍

本任务主要介绍工业机器人系统组成、相关参数及运动指令、逻辑指令的使用，并结合工业机器人虚拟仿真与编程软件 RobotStudio，介绍智能产线虚拟场景搭建、智能产线加工生产运行搬运路线规划、工业机器人搬运程序编制及虚拟仿真运行的过程及操作方法，并进一步进行运行流程和搬运程序的优化提升。

在物理产线区，根据规划流程，完成各加工单元坐标系的标定、工业机器人的分段点位调试，并根据完成后的调试点位和程序编制，运行机器人搬运上下料操作，验证点位及程序的可行性；并整合程序，优化机器人节拍，验证产线工业机器人搬运运行全过程。

⊕ 知识目标

掌握工业机器人的结构组成及基本参数、相关编程指令、智能产线加工生产运行搬运路线规划原则、虚拟仿真软件功能。

了解工业机器人操作要领及安全事项、机器人工件坐标系的作用和应用场合，归纳工业机器人点位调校的方法。

✓ 技能目标

掌握工业机器人搬运路线规划与优化、程序编制及优化、虚拟仿真软件运行验证操作等。

根据实际生产情况，建立机器人工件坐标系；用示教器准确调试搬运点位；完成机器人搬运上下料多点位运行调试。

A+ 素养目标

培养智能制造相关岗位的安全意识、效率意识及科学精神；具备严谨、细致的职业习惯和精益求精的职业追求。

2.2.1　工业机器人认知

📝 任务描述

通过对工业机器人的模拟和实践操作学习，了解工业机器人的系统组成，学会分析工业机器人相关参数并熟悉工业机器人的简单运动操作。

📋 任务分析

通过学习和实物认知，了解工业机器人的系统组成和相关参数，掌握工业机器人的基本操作。

📑 **相关知识**

2.2.1.1 工业机器人系统组成

整个工业机器人（以 ABB 为例）系统主要由工业机器人本体、工业机器人控制柜、工业机器人示教器三部分组成，如图 2-14 所示。

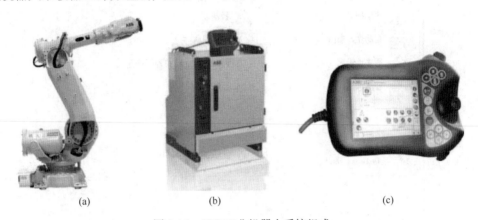

(a) (b) (c)

图 2-14 ABB 工业机器人系统组成

（a）通用六轴工业机器人本体；（b）工业机器人标准控制柜；（c）工业机器人示教器

2.2.1.2 工业机器人示教器

工业机器人示教器分为触摸屏部分、按键部分，如图 2-15 所示。通过示教器，可以对工业机器人进行编程及调试。

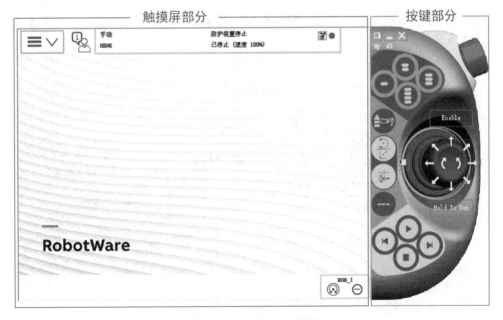

图 2-15 工业机器人示教器

示教器的主菜单栏如图 2-16 所示。

图 2-16　工业机器人示教器主菜单栏

IRB6700 系列 ABB 工业机器人属于大型工业机器人，其具有无故障工作时间长、工作范围大、高负载、工作可靠性高等优势，适用于汽车和一般工业中的各种任务，如搬运码垛、机床上下料、电焊。

2.2.1.3　工业机器人坐标系管理

ABB 工业机器人坐标系可分为世界坐标系、基坐标系、工具坐标系、工件坐标系等，如图 2-17 所示。

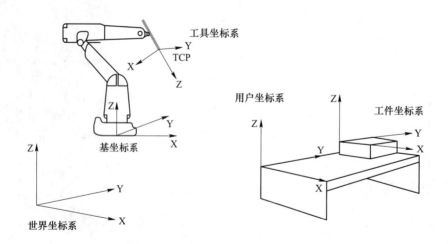

图 2-17　机器人坐标系

（1）世界坐标系。工业机器人中世界坐标系也称大地坐标系，这是以工业机器人坐落在的房间或场地为基准建立的坐标系，在这个世界坐标系里可以知道机器人的位置。世界坐标系通常在多机器人协调运动的时候使用。

（2）基坐标系。基坐标系又称为基座坐标系，位于机器人基座。基坐标系在机器人基座中应有相应的零点，这使固定安装机器人的移动具有可预测性。在正常配置的机器人系统中，工人可通过操作杆进行该坐标系的移动。

（3）工具坐标系。工业机器人中工具坐标系是指机器人作业的时候末端执行器采用的工具，以这个末端执行器采用工具为坐标系，这样机器人在作业时候可以知道工具与目标之间的坐标关系从而实施作业。

（4）工件坐标系。工业机器人中工件坐标系是指机器人在作业过程中末端执行器要去抓取或作业的目标工件所位于的坐标系。工件坐标系一般以工件放置的工作台建立坐标系，方便机器人手动示教时的操作，常用于码垛、搬运带有斜面的工件。坐标系的调用方便码垛偏移量的使用。

任务实施

2.2.1.4　ABB工业机器人简单运动操作

A　单轴运动的手动操作

一般的，ABB工业机器人由6个伺服电机分别驱动机器人的6个关节轴，每次手动操动一个关节轴的运动称为单轴运动，如图2-18所示。手动操动界面如图2-19所示。

具体操作方法如下：

（1）点击主菜单；

（2）点击手动操动；

（3）按下轴坐标系切换按钮切换至1~3轴或4~6轴；

（4）按下使能开关电解开启；

（5）按照操纵杆方向进行移动关节轴。

注意：操纵杆的方向为关节轴的正方向，并且幅度越大移动越快。

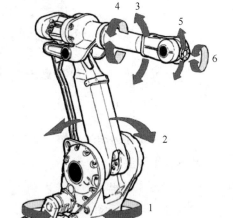

图2-18　工业机器人运动方向图

B　线性运动的手动操作

ABB工业机器人线性运动是安装在机器人六轴法兰盘上工具的中心点（Tool Centre Point，TCP）在空间中做线性移动，如图2-20所示。

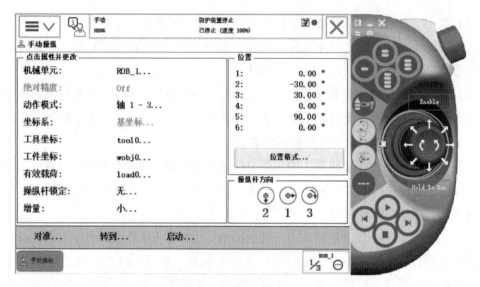

图 2-19　工业机器人手动操作

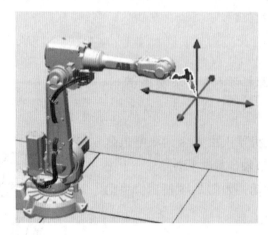

图 2-20　线性移动空间

手动操动线性运动的操作界面如图 2-21 所示。

具体操作方法如下：

（1）点击主菜单；

（2）点击手动操动；

（3）按下基坐标系切换按钮切换至线性运动；

（4）按下使能开关电解开启；

（5）按照操纵杆方向进行移动关节轴。

注意：操纵杆的方向为关节轴的正方向，并且幅度越大移动越快。

C　重定位运动的手动操作

ABB 工业机器人重定位运动是安装在机器人六轴法兰盘上工具的中心点在空间中绕坐标轴旋转的运动，如图 2-22 所示。

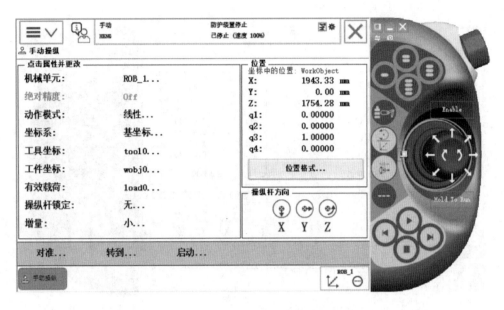

图 2-21　工业机器人线性运动手动操作

图 2-22　重定位移动空间

重定位运动的手动操作界面如图 2-23 所示。

手动操作重定位运动的方法如下：

（1）点击主菜单；

（2）点击手动操动；

（3）按下基坐标系切换按钮切换至重定位；

（4）按下使能开关电解开启；

（5）按照操纵杆方向进行移动关节轴。

注意：操纵杆的方向为关节轴的正方向，并且幅度越大，移动越快。

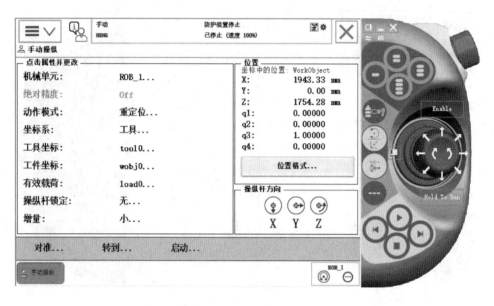

图 2-23　工业机器人重定位运动的手动操作

2.1.2.5　智能产线内工业机器人操作

（1）进入智能制造虚实二元实训平台物理产线区进行工业机器人的认知和观察，记录相关参数，绘制相关布局图上的搬运位置。工业机器人实景如图 2-24 所示。

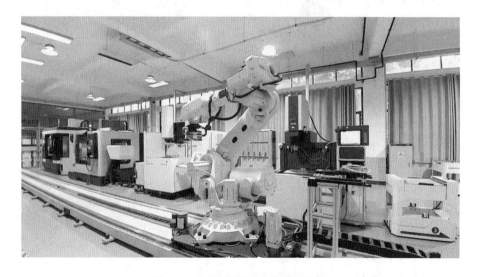

图 2-24　智能产线工业机器人实景

（2）进入工业机器人的虚拟仿真软件 RobotStudio，简单学习基本编程指令和相关操作。软件界面如图 2-25 所示。

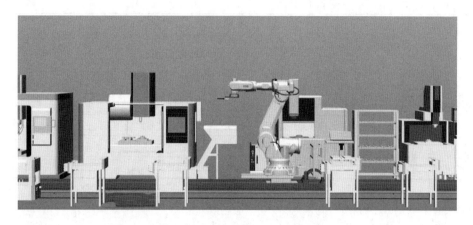

图 2-25　智能产线工业机器人部分虚拟仿真界面

（3）进入智能制造虚实二元实训平台物理产线区熟悉相关操作界面，完成部分基础运动操作的练习。

任务考核与评价

基于技能学习的多元评价模块，开展多评价主体的课堂全过程考核，实现对学生知识、能力、素养的全方位分析。学生能通过学习分析模块，查看自己的学习变化动态情况。具体量化评价体系见表 2-6。

表 2-6　任务 2.2.1 项目评价量化表

评价内容及所占比重			评价标准			评价系统主体	评价对象
			完成	部分完成	未完成		
诊断性评价（20%）	在线资源自学情况	线上课程自学情况（5%）	5%	1%~4%	0	教师评价	个人
		在线测试情况（10%）	10%	1%~9%	0	系统评价	
		线上论坛参与情况（5%）	5%	1%~4%	0	教师评价	
评价内容及所占比重			评价标准			评价系统主体	评价对象
			完全规范	规范	不规范		
过程性评价（50%）	职业技能评价（30%）	明确工业机器人的组成（6%）	6%	1%~5%	0	学生互评、教师评价	小组/个人
		工业机器人操作界面认知（8%）	8%	1%~7%	0		
		工业机器人简单运行操作（8%）	8%	1%~7%	0		
		工业机器人坐标系管理（8%）	8%	1%~7%	0		
	职业素养评价（20%）	防护用品穿戴规范（5%）	5%	1%~4%	0		
		工具、辅件摆放及使用（5%）	5%	1%~4%	0		
		操作完成后现场整理（5%）	5%	1%~4%	0		
		文明礼貌、团结互助（5%）	5%	1%~4%	0		

评价内容及所占比重			评价标准		评价系统主体	评价对象
			正确合理	不正确、不合理		
结果性评价（30%）	机器人编程与操作	工业机器人认知程度（8%）	8%	0	多元评价系统、教师评价	个人
		示教器界面操作熟练度（8%）	8%	0		
		工业机器人简单操作规范性（8%）	8%	0		
		实践任务完成度（6%）	6%	0		
小计			100%			

2.2.2　工业机器人基础编程

任务描述

了解 ABB 工业机器人编程语言；学习工业机器人基本编程指令，如运动指令、I/O 控制指令、逻辑编辑指令等；简单建立可运行的基本 RAPID 程序。

任务分析

通过学习，掌握 ABB 工业机器人编程语言及编程技巧；根据任务要求，建立可运行的基本 RAPID 程序。

相关知识

ABB 工业机器人采用的是 RAPID 编程语言，能够实现决策、重复其他指令、构造程序、与系统操作员交流等功能。从程序结构上，RAPID 程序分为主程序、子程序、中断程序；在 RAPID 程序中，将程序指令分为动作指令、逻辑控制指令。

2.2.2.1　动作指令

A　关节运动指令

关节运动指令是对路径精度要求不高的情况下，机器人的工具中心点 TCP 从一个位置移动到另一个位置，两个位置之间的路径不一定是直线，如图 2-26 所示。

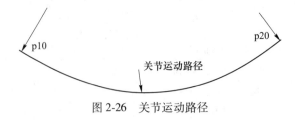

图 2-26　关节运动路径

指令解析：

```
MoveJ p10, v1000, z50, tool1\Wobj: = wobj1;
MoveJ p20, v1000, z50, tool1\Wobj: = wobj1;
```

具体指令及其含义见表 2-7。

表 2-7　指令及其含义

指令	含义	指令	含义
MoveJ	关节运动指令	z50	转弯区数据
p10	行走的点位	tool1	当前使用的工具
v1000	运行时的速度	Wobj	当前参考坐标系

关节运动适合机器人大范围运动时使用，不容易在运动过程中出现关节轴进入机械死点的问题。

B　线性运动指令

线性运动是机器人的 TCP 从起点到终点之间的路径始终保持为直线，如图 2-27 所示。一般如焊接、涂胶等应用对路径要求高的场合使用线性运动指令。

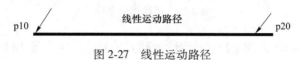

图 2-27　线性运动路径

指令解析：

```
MoveL p10, v1000, z50, tool1\Wobj: = wobj1;
MoveL p20, v1000, z50, tool1\Wobj: = wobj1;
```

指令 MoveL 含义为线性运动指令，其余指令含义同表 2-7。

C　圆弧运动指令

圆弧路径是在机器人可到达的控件范围内定义三个位置点，第一个点是圆弧的起点，第二个点用于圆弧的曲率，第三个点是圆弧的终点，如图 2-28 所示。

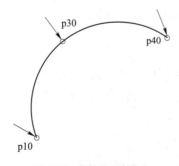

图 2-28　圆弧运动指令

指令解析：

```
MoveL p10, v1000, fine, tool1\Wobj: = wobj1;
MoveC p30, p40, v1000, z10, tool1\Wobj: = wobj1;
```

指令 MoveC 含义是线性运动指令，其余指令含义同表 2-7。

D　运动指令的使用示例

指令解析：

```
MoveL p1, v200, z10, tool1\Wobj: = wobj1;
MoveL p2, v100, z10, tool1\Wobj: = wobj1;
MoveJ p3, v500, fine, tool1\Wobj: = wobj1;
```

如图 2-29 所示，机器人的 TCP 从当前位置向 p1 点以线性运动方式前进，速度是 200 mm/s，转弯区数据是 10 mm，距离 p1 点还有 10 mm 的时候开始转弯，使用的工具数据是 tool1，工件坐标数据是 wobj1。

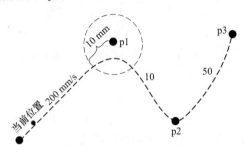

图 2-29　运动指令示例

机器人的 TCP 从 p1 点向 p2 点以线性运动方式前进，速度是 100 mm/s，转弯区数据是 fine，机器人在 p2 点稍做停顿，使用的工具数据是 tool1，工件坐标数据是 wobj1。

机器人的 TCP 从 p2 点向 p3 点以关节运动方式前进，速度是 500 mm/s，转弯区数据是 fine，机器人在 p3 点停止，使用的工具数据是 tool1，工件坐标数据是 wobj1。

提示：

（1）关于速度。速度一般最高为 50000 mm/s，在手动限速状态下，所有的运动速度被限速在 250 mm/s。

（2）关于转弯区。fine 指机器人 TCP 达到目标点，在目标点速度降为零，机器人动作有所停顿然后再向下运动。如果目标点是一段路径的最后一个点，一定要为 fine。转弯区数值越大，机器人的动作路径就越圆滑与流畅。

2.2.2.2　I/O 控制指令

I/O 控制指令用于控制 I/O 信号，以达到机器人与周边设备进行通信的目的。

（1）Set 数字信号置位指令。Set 数字信号置位指令用于将数字输出（Digital Output）置位为"1"，其格式为：

```
Set do1;
```

其中，Set 为置位指令，do1 为数字输出信号。

（2）Reset 数字信号复位指令。Reset 数字信号复位指令用于将数字输出（Digital Output）置位为"0"，其格式为：

```
Reset do1;
```

（3）SetDO 改变数字信号输出信号指令。SetDO 改变数字信号输出信号指令用于将数字输出（Digital Output）置位为"1"或置位为"0"，其格式为：

```
SetDO do1,1;
SetDO do1,0;
```

具体指令及其含义见表 2-8。

表 2-8 指令及其含义

指令	含义	指令	含义
SetDO	改变数字信号输出信号指令	do1	数字输出信号
1	数字输出高电平状态	0	数字输出低电平状态

需要注意的是，如果在 Set、Reset、SetDO 指令前有运动指令 MoveJ、MoveL、MoveC、MoveAbsJ 的转弯区数据，必须使用 fine 才可以准确地输出 I/O 信号状态的变化。

（4）WaitDI 数字输入信号判断指令。WaitDI 数字输入信号判断指令用于判断数字输入信号的值是否与目标一致，其格式为：

WaitDI di1, 1;

具体指令及其含义见表 2-9。

表 2-9 指令及其含义

指令	含义	指令	含义
WaitDI	数字输入信号判断指令	di1	数字输入信号
1	数字输出高电平状态	0	数字输出低电平状态

程序执行此指令时，等待 di1 的值为 1。如果 di1 为 1，则程序继续往下执行；如果到达最大等待时间 300 s（此时间可根据实际进行设定）以后，di1 的值还不为 1，则机器人报警或进入出错处理程序。

（5）WaitDO 数字输出信号判断指令。WaitDO 数字输出信号判断指令用于判断数字输出信号的值是否与目标一致，其格式为：

WaitDO do1, 1;

2.2.2.3 逻辑控制指令

（1）Compact IF 紧凑型条件判断指令。Compact IF 紧凑型条件判断指令用于当一个条件满足了以后，就执行一句指令。

指令解析：

IF flag1 = TRUE Set do1;

如果 flag1 的状态为 TRUE，则 do1 被置位为 1。

（2）IF 条件判断指令。IF 条件判断指令就是根据不同的条件去执行不同的指令。

指令解析：

```
IF num1 = 1 THEN
flag: = TRUE;
ELSEIF num1 = 2 THEN
flag1: = FALSE;
ELSE
Set do1;
ENDIF
```

如果 num1 为 1，则 flag1 赋值为 TRUE。如果 num1 为 2，则 flag1 赋值为 FALSE。除了以上两种条件之外，则执行 do1 置位为 1。

条件判定的条件数量可以根据实际情况进行增加与减少。

（3）FOR 重复执行判断指令。FOR 重复执行判断指令用于一个或多个指令需要重复执行次数的情况。

指令解析：

```
FOR i FROM 1 TO 10 DO
Routine1;
ENDFOR
```

例行程序 Routine1，重复执行 10 次。

（4）WHILE 条件判断指令。WHILE 条件判断指令，用于在给定条件满足的情况下，一直重复执行对应的指令。

指令解析：

```
WHILE num1>num2 DO
num1:=num1-1;
ENDWHILE
```

在 num1>num2 的条件满足的情况下，就一直执行 num1:=num1-1 的操作。

（5）ProcCall 程序调用指令。ProcCall 程序调用指令可以在指定的位置调用例行程序（子程序）。

指令解析：

```
MoveL p2, v100, fine, tool1\Wobj:=wobj1;
Routine1;
MoveL p3, v100, fine, tool1\Wobj:=wobj1;
```

当机器人运行到 p2 点后，调用例行程序 Routine1，运行完例行程序后继续运行到 p3 点。

（6）Goto 程序跳转指令。Goto 程序跳转指令可以将程序指针跳转到标签位置进行运行。

指令解析：

```
Goto a;
MoveL p2, v100, fine, tool1\Wobj:=wobj1;
a:
MoveL p3, v100, fine, tool1\Wobj:=wobj1;
```

当程序运行到 Goto a 时，程序将跳过 p2 点移动指令，运行标签 a 后面的程序。

（7）WaitTime 时间等待指令。WaitTime 时间等待指令，用于程序在等待一个指定的时间以后，再继续向下执行。

指令解析：

```
WaitTime 4;
Reset do1;
```

等待 4 s 以后，程序向下执行 Reset do1 指令。

2.2.2.4　偏移指令

（1）offs 函数。

格式：offs（目标点，X，Y，Z）。

含义：以选定目标点为基准，沿着选定工件坐标系的 X、Y、Z 轴方向偏移一定的距离。

示例：movel offs(p1,0,0,5) ,v10,z5,tool0\Wobj = wobj1；

以 p1 为基准点，将机器人 TCP 沿着 wobj1 的 Z 轴正方向偏移 5 mm。当工件坐标系为默认值 wobj0 时，偏移指令 offs 的偏移数据 X、Y、Z 就相当于大地坐标系。

（2）RelTool 函数。

格式：RelTool（目标点，X，Y，Z）。

含义：以选定目标点为基准，沿着选定工具坐标系的 X、Y、Z 轴方向偏移一定的距离。示教基准点时，一般将工具 Z 方向设置为当前加工面的法线方向，则当前工具坐标系 XY 构成的面与当前加工面平行，可以直接参考工具坐标系的 XY 方向进行偏移。

示例：Movel RelTool(p10,0,0,20) ,v1000,z50,tool0；

以 p10 为基准点，将机器人 TCP 沿着 tool0 的 Z 轴正方向偏移 20 mm。此指令还可以添加可变量，比如旋转角度。

📑 思政案例

2021 年 5 月，国内首条小卫星智能生产线在武汉国家航天产业基地卫星产业园全面投入使用，小卫星的生产效率提高 40% 以上，单星场地面积需求减少 70% 以上，单星生产周期缩短 80% 以上，人员生产效率提升 10 倍以上。从案例分析可知，智能制造对国家建设的意义重大，因而智能制造相关专业学习非常重要。

📥 任务实施

建立 RAPID 实例

2.2.2.5　建立一个可运行的基本 RAPID 程序

（1）确定所需程序模块数量。程序模块数量是由应用的复杂性所决定的，比如可以将位置计算、程序数据、逻辑控制等分配到不同的程序模块，方便管理。

（2）确定各个程序模块中要建立的例行程序，不同的功能放到不同的程序模块中，如夹具打开、夹具关闭这样的功能就可以分别建立成例行程序，方便调用与管理。

2.2.2.6　建立 RAPID 程序实例

（1）确定工作要求：机器人在位置点 pHome 等待。如果外部信号 di1 输入为 1，则机器人沿着物体的一条边从 p10 到 p20 走一条直线，如图 2-30 所示。

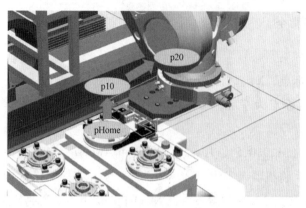

图 2-30　移动路线

（2）ABB 菜单中，选择"程序编辑器"，如图 2-31 所示。

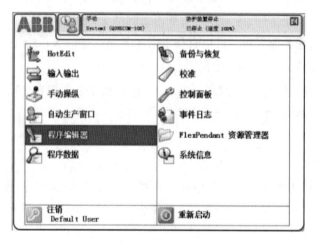

图 2-31　程序编辑器界面

（3）单击"取消"，如果系统中不存在程序，会出现如图 2-32 所示的对话框。

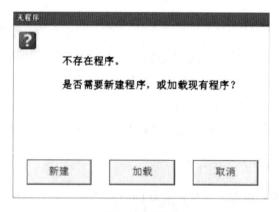

图 2-32　对话框

（4）打开"文件"菜单，选择"新建模块"，如图 2-33 所示。此应用比较简单，所以只需建一个程序模块就足够了。

（5）单击"是"进行确定，如图 2-34 所示。

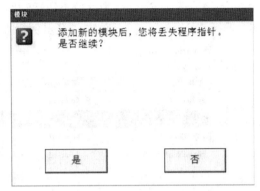

图 2-33 "新建模块"界面　　　　　　　　　图 2-34 确定界面

（6）定义程序模块的名称后，单击"确定"，如图 2-35 所示。程序模块的名称可以根据需要自己定义，以方便管理。

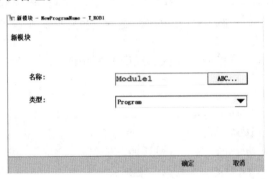

图 2-35 定义名称界面

（7）选中"Module1"，单击"显示模块"，如图 2-36 所示。

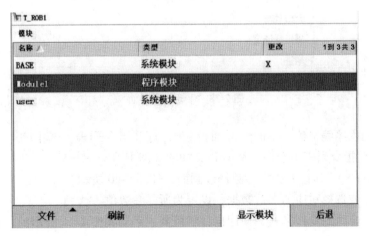

图 2-36 显示模块界面

（8）单击"例行程序"。

（9）打开"文件"，单击"新建例行程序"。

（10）建立一个主程序 main，然后单击"确定"。rHome 用于机器人抓取物料点，rInitAll 为初始化，rMoveRoutine 为存放直线运动路径。

（11）选择"rHome"，然后单击"显示例行程序"，如图 2-37 所示。

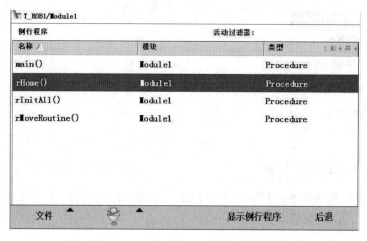

图 2-37　"显示例行程序"相关界面

（12）到"手动操纵"菜单内，确认已选中要使用的工具坐标与工件坐标，如图 2-38 所示。

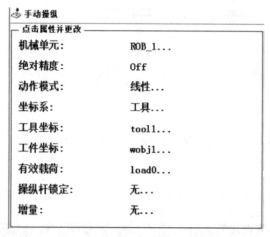

图 2-38　手动操纵界面

（13）回到程序编辑器，单击"添加指令"，打开指令列表。选中"＜SMT＞"为插入指令的位置，在指令列表中选择"MoveJ"，如图 2-39 所示。

（14）双击"＊"，进入指令参数修改画面，如图 2-40 所示。

（15）新建或选择对应的参数数据，设定为所需参数值。

（16）选择合适的动作模式，使用摇杆将机器人运动到图 2-41 所示的位置，作为机器人的物料抓取点。

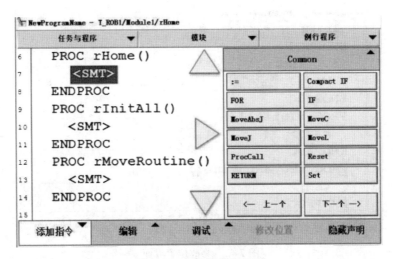

图 2-39　程序编辑器界面

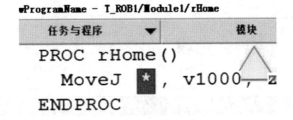

图 2-40　指令修改界面

图 2-41　机器人抓取点位

（17）选中"pHome"目标点，单击"修改位置"，将机器人的当前位置数据记录下来，如图 2-42 所示。

（18）单击"修改位置"进行确认。

（19）单击"例行程序"标签。

图 2-42　修改位置界面

（20）选中"rInitAll"例行程序，如图 2-43 所示。

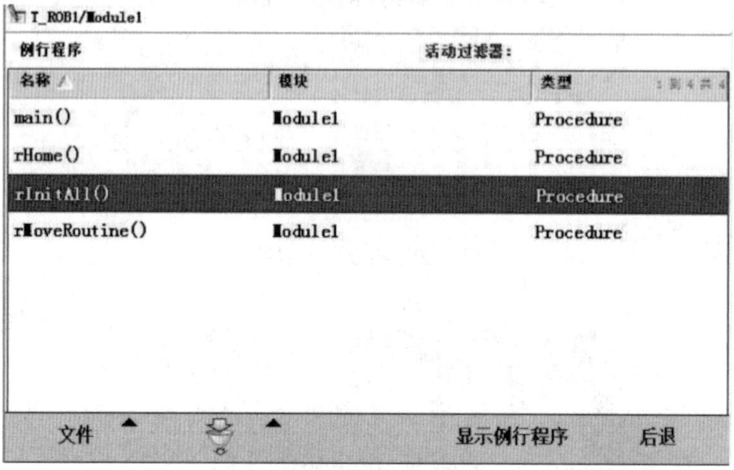

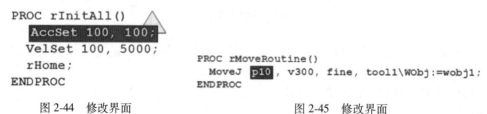

图 2-43　程序界面

（21）此例行程序加入在程序正式运行前，需要做初始化的内容，如速度限定、夹具复位等。具体根据需要添加。在此例行程序 rInitAll 中只增加了两条速度控制的指令（在添加指令列表的 Setting 类别中）和调用了回等待位的例行程序 rHome，如图 2-44 所示。

（22）选择"rMoveRoutine"例行程序，然后单击"显示例行程序"。

（23）添加"MoveJ"指令，并将参数设定为图 2-45 所示。

```
PROC rInitAll()
  AccSet 100, 100;
  VelSet 100, 5000;
  rHome;
ENDPROC
```

图 2-44　修改界面

```
PROC rMoveRoutine()
  MoveJ p10 , v300, fine, tool1\WObj:=wobj1;
ENDPROC
```

图 2-45　修改界面

（24）选择合适的动作模式，使用摇杆将机器人运动到图 2-46 所示的位置，作为机器人的 p10 点。

图 2-46　机器人抓取点位

（25）选中"p10"点，单击"修改位置"，将机器人的当前位置记录到 p10 中，如图 2-47 所示。

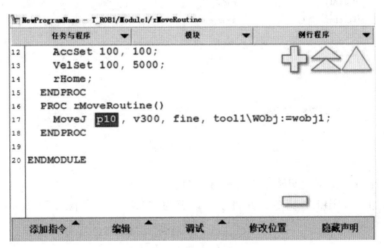

图 2-47　修改位置界面

（26）添加"MoveL"指令，并将参数设置为如图 2-48 所示。

```
PROC rMoveRoutine()
  MoveJ p10, v300, fine, tool1\WObj:=WObj1;
  MoveL p20, v300, fine, tool1\WObj:=wobj1;
ENDPROC
```

图 2-48　修改界面

（27）选择合适的动作模式，使用摇杆将机器人运动到图 2-49 所示的位置，作为机器人的 p20 点。

（28）选中"p20"点，单击"修改位置"，将机器人的当前位置记录到 p20 中。

（29）单击"例行程序"标签，选中"main"主程序，进行程序执行主体架构的设定，如图 2-50 所示。

图 2-49 机器人移动点位

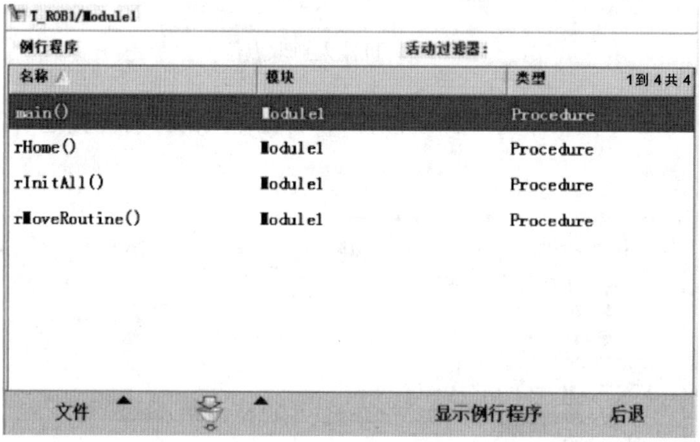

图 2-50 程序界面

（30）在开始位置调用初始化例行程序，如图 2-51 所示。

（31）添加"WHILE"指令，并将条件设定为"TRUE"，如图 2-52 所示。

```
PROC main()
    rInitAll;
ENDPROC
```

图 2-51 调用界面

```
PROC main()
    rInitAll;
    WHILE TRUE DO
        <SMT>
    ENDWHILE
ENDPROC
```

图 2-52 程序界面

（32）添加"IF"指令到图 2-53 所示位置。使用 WHILE 指令构建一个死循环的目的在于将初始化程序与正常运行的路径程序隔离开。初始化程序只在一开始时执行一次，然后就根据条件循环执行路径运动。

（33）选中"<EXP>"，然后打开"编辑"菜单，选择"ABC..."，如图 2-54 所示。

（34）使用软键盘输入"di = 1"，然后单击"确定"。

```
PROC main()
    rInitAll;
    WHILE TRUE DO
        IF <EXP> THEN
            <SMT>
        ENDIF
    ENDWHILE
ENDPROC
```

图 2-53 程序界面

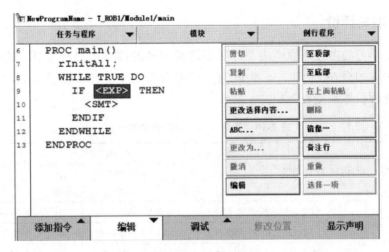

图 2-54　菜单界面

此处不能直接判断数字输出信号的状态，如 do1 = 1，这是错误的，要使用功能 DOutput（ ）。

（35）在 IF 指令的循环中，调用两个例行程序 rMoveRoutine 和 rHome。在选中 IF 指令的下方，添加 WaitTime 指令，参数是 0.3 s，如图 2-55 所示。

主程序解读：

1）首先进入初始化程序进行相关初始化的设置；

2）进行 WHILE 的死循环，目的是将初始化程序隔离开；

3）如果 di1 = 1，则机器人执行对应的路径程序；

4）等待 0.3 s 的这个指令的目的是防止系统 CPU 过负荷。

（36）打开"调试"菜单，单击"检查程序"，对程序的语法进行检查，如图 2-56 所示。

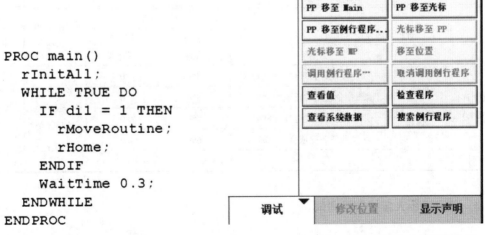

```
PROC main()
  rInitAll;
  WHILE TRUE DO
    IF di1 = 1 THEN
      rMoveRoutine;
      rHome;
    ENDIF
    WaitTime 0.3;
  ENDWHILE
ENDPROC
```

图 2-55　程序界面　　　　　　　　　　　　　　图 2-56　调试菜单界面

（37）单击"确定"完成。如果有错，系统会提示出错的具体位置与建议操作。

任务考核与评价

基于技能学习的多元评价模块，开展多评价主体的课堂全过程考核，实现对学生知识、能力、素养的全方位分析。学生能通过学习分析模块，查看自己的学习变化动态情况。具体量化评价体系见表 2-10。

表 2-10　任务 2.2.2 项目评价量化表

评价内容及所占比重			评价标准			评价系统主体	评价对象
			完成	部分完成	未完成		
诊断性评价（20%）	在线资源自学情况	线上课程自学情况（5%）	5%	1%~4%	0	教师评价	个人
		在线测试情况（10%）	10%	1%~9%	0	系统评价	
		线上论坛参与情况（5%）	5%	1%~4%	0	教师评价	

评价内容及所占比重			评价标准			评价系统主体	评价对象
			完全规范	规范	不规范		
过程性评价（50%）	职业技能评价（30%）	明确工业机器人动作指令的使用（6%）	6%	1%~5%	0	学生互评、教师评价	小组/个人
		明确工业机器人 I/O 控制指令的使用（8%）	8%	1%~7%	0		
		明确工业机器人逻辑编辑指令的使用（8%）	8%	1%~7%	0		
		RAPID 程序建立（8%）	8%	1%~7%	0		
	职业素养评价（20%）	软件操作规范（5%）	5%	1%~4%	0		
		效率及优化意识（5%）	5%	1%~4%	0		
		操作完整性（5%）	5%	1%~4%	0		
		过程逻辑思维能力（5%）	5%	1%~4%	0		

评价内容及所占比重			评价标准		评价系统主体	评价对象
			正确合理	不正确、不合理		
结果性评价（30%）	机器人编程与操作	程序设计合理性（8%）	8%	0	多元评价系统、教师评价	个人
		编程指令应用的正确性（8%）	8%	0		
		程序运行的规范性（8%）	8%	0		
		实践任务完成度（6%）	6%	0		
小计			100%			

2.2.3　工业机器人虚拟仿真调试

任务描述

（1）对照智能制造虚实二元实训平台物理产线区的实景布局，在 RobotStudio 仿真软件中，搭建智能制造虚实二元实训平台的虚拟产线区。

（2）结合智能产线具体情况，在 RobotStudio 仿真软件中，完成 smart 组件的创建，进行组件的属性设置与连接、I/O 信号的配置。

（3）在 RobotStudio 仿真软件中，使用基本运动指令、功能指令，完成工业机器人的上下料和搬运的动作编程和虚拟仿真验证。

任务分析

结合模具加工单元的具体加工工艺要求，完成虚拟产线区的搭建与系统设置，并进行工业机器人搬运和上下料部分的程序编制及运行验证。

任务实施

运行调试

2.2.3.1　工业机器人的程序调试

A　pHome 程序调试

（1）打开"调试"菜单，选择"PP 移至例行程序..."，如图 2-57 所示。其中，PP 是程序指针的简称。

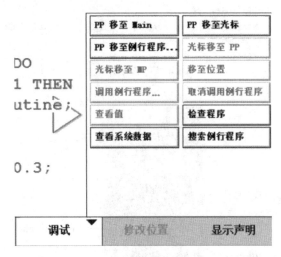

图 2-57　调试菜单界面

（2）选中"rHome"例行程序，然后单击"确定"，如图 2-58 所示。

（3）程序指针（小箭头）永远指向将要执行的指令，如图 2-59 所示。

（4）如图 2-60 所示，左手按下使能键，进入"电动机开启"状态。按一下"单步向前"按键，并小心观察机器人的移动。只有在按下"程序停止"键后，才可以松开使能键。

（5）指令左侧出现一个小机器人，说明机器人已到达 pHome 这个等待位置，如图 2-61、图 2-62 所示。

B　rMoveRoutine 程序调试

（1）打开"调试"菜单，选择"PP 移至例行程序"，选中"rMoveRoutine"例行程序，然后单击"确定"，如图 2-63 所示。

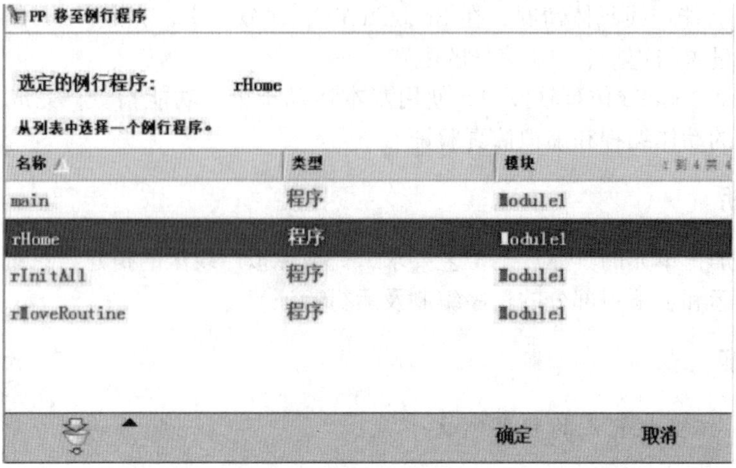

图 2-58　例行程序界面

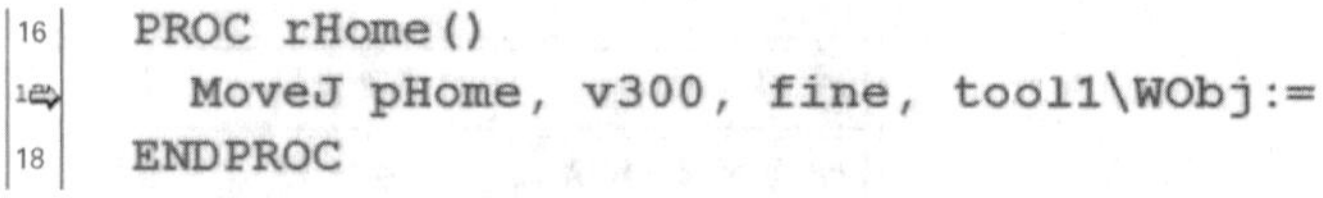

```
16   PROC rHome()
17     MoveJ pHome, v300, fine, tool1\WObj:=
18   ENDPROC
```

图 2-59　程序界面

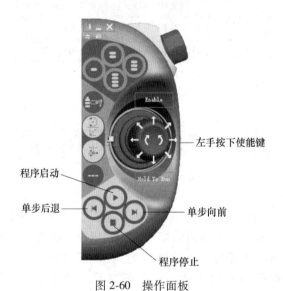

左手按下使能键

程序启动

单步后退

单步向前

程序停止

图 2-60　操作面板

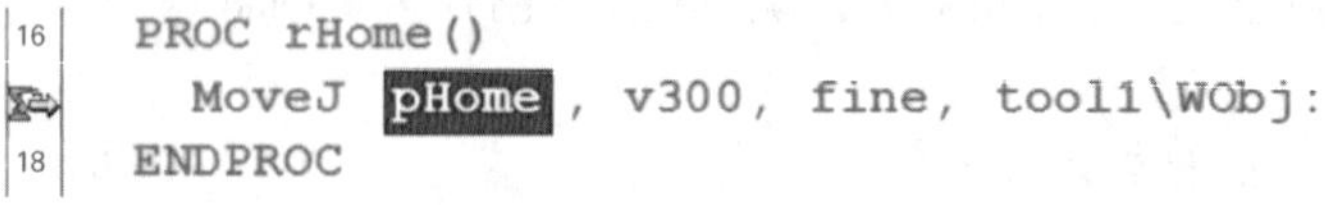

```
16   PROC rHome()
17     MoveJ pHome , v300, fine, tool1\WObj:
18   ENDPROC
```

图 2-61　程序界面

图 2-62　机器人回到 pHome 等待位置

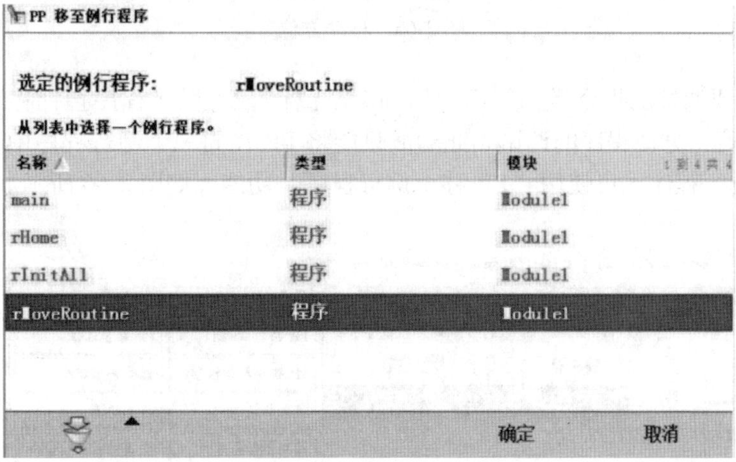

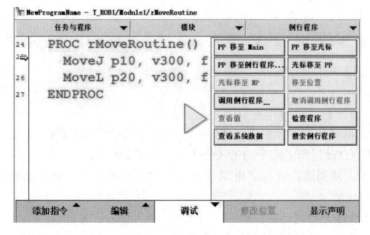

图 2-63　PP 移至例行程序

（2）单步进行调试运动指令的位置是否合适，如图 2-64 所示。

图 2-64　调试菜单界面

（3）机器人 TCP 点从 p10 到 p20 进行线性运动，如图 2-65 所示。

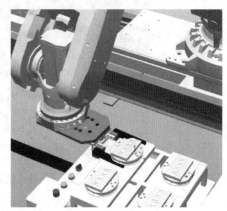

图 2-65　移动方位

（4）选中要调试的指令后，使用"PP 移至光标"，可以将程序指针移至想要执行的指令，进行执行，方便程序的调试。此功能只能将 PP 在同一个例行程序中跳转。如要将 PP 移至其他例行程序，可使用"PP 移至例行程序"功能，如图 2-66 所示。

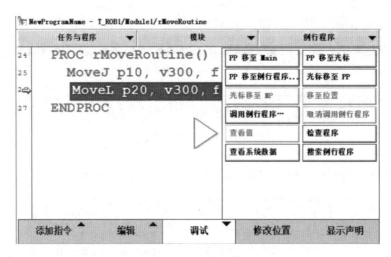

图 2-66　程序界面

C　Main 主程序

（1）打开"调试"菜单，单击"PP 移至 Main"，如图 2-67 所示。

（2）PP 便会自动指向主程序的第一句指令，如图 2-68 所示。

（3）左手按下使能键，进入"电动机开启"状态。按一下"程序启动"按键，并小心观察机器人的移动。

D　RAPID 程序自动运行的操作

在手动状态下，完成了调试确认运动与逻辑控制正确之后，机器人系统就可以投入自动运行状态，以下为 RAPID 程序自动运行的操作。

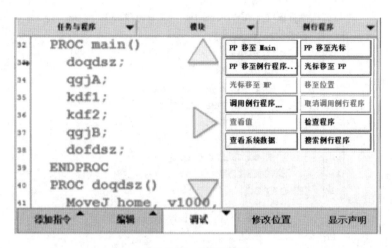

图 2-67 程序界面

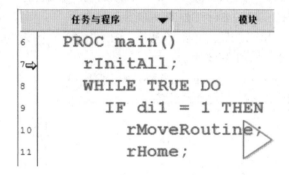

图 2-68 PP 指向主程序第一句指令

（1）将状态钥匙左旋至左侧的自动状态，如图 2-69 所示。

（2）点击"确定"，确认状态的切换，如图 2-70 所示。

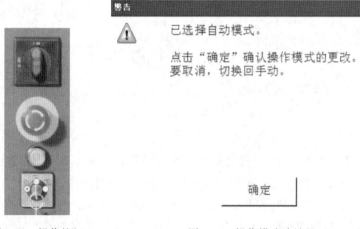

图 2-69 操作按钮   图 2-70 操作模式确认界面

（3）单击"PP 移至 Mian"，将 PP 指向主程序的第一句指令，如图 2-71 所示。

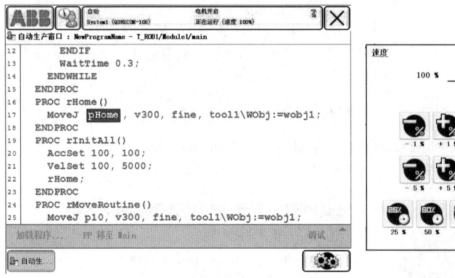

图 2-71　PP 指向主程序第一句指令

（4）单击"是"。

（5）按下白色按钮，开启电动机。按下"程序启动"按钮。

（6）观察到程序已在自动运行过程中，如图 2-72 所示。

（7）单击"快捷菜单"按钮。单击"速度"按钮（第 5 个按钮），就可以在此设定程序中机器人运动的速度，如图 2-73 所示。

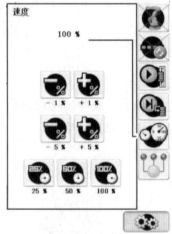

图 2-72　程序界面　　　　　　　　　　　　图 2-73　设定速度

📋 思政案例

2019 年 9 月 25 日，世界最大单口径射电望远镜（FAST）在贵州省平塘县正式投入使用，这一 500 m 口径的球面射电望远镜建设在喀斯特地貌天然形成的洼地中，被称为"中国天眼"。

在天眼工程选址过程中，科研团队开发了一套虚拟仿真系统，立体呈现每一个重点考察的地址和大射电望远镜结合在一起的样子，再对建设中需要考虑的几何、地质、工程等条件进行综合计算。这套系统的学名叫作"洼地三维仿真和台址优选系统"，用来计算每个洼地最适合建多大口径的望远镜；如果确定要建 500 m 口径的 FAST 望远镜，那么就计算哪个"窝"建设工程量最小。这个系统是天眼科研团队的首创，做出来了以后，类似的望远镜选址都能用上，选址难题因此找到解决之道。

2.2.3.2　工业机器人运动轨迹分解

根据产线各设备之间的布局与间距，避免设备间的碰撞，利用 RobotStudio 软件，合理设计机器人各环节运动轨迹。

（1）机器人取爪、放爪运动轨迹。

（2）接驳台取料、放料运动轨迹。

（3）加工中心取料、放料运动轨迹。

（4）线边库放料、取料运动轨迹。

（5）电火花机床放料、取料运动轨迹。

2.2.3.3　工业机器人智能产线搬运的 I/O 信号配置

机器人在搬运零件的整个过程中，需要配置必要的 I/O 信号，明确机器人手爪夹紧、张开以及机床夹具夹紧、松开、清洁等状态。具体的 I/O 信号参数见表 2-11。

表 2-11　智能制造模具加工单元搬运的 I/O 信号参数

模块	名称	板卡	类型	信号	功能
快换装置	KHOpen	D6522	DO	0	快换装置夹紧
				1	快换装置松开
手爪	ChangeOK	D6521	DI	0	检测手爪末端无手爪
				1	检测手爪末端有手爪
	OneWeiOK	D6521	DI	0	手爪未放到位
				1	手爪放到位
	BigworkORThreeOpen	D6522	DO	0	关闭手爪打开信号
				1	手爪打开
	BigworkORThreeClose	D6522	DO	0	手爪关闭
				1	关闭手爪关闭信号
	BigORSmallOpenOK	D6521	DI	0	手爪打开未到位
				1	手爪打开到位
	BigORSmallCloseOK	D6521	DI	0	手爪夹紧未到位
				1	手爪夹紧到位
加工中心	KDWchuckopen	D6521	DO	0	气动定心夹具关闭
				1	气动定心夹具打开
	KDWchuckclean	D6521	DO	0	气动定心夹具不吹气
				1	气动定心夹具吹气
	KDdoor	D6522	DI	0	机床门关闭
				1	机床门打开
	KDWchuckopenOK	D6522	DI	0	气动定心夹具夹紧信号到位
				1	气动定心夹具打开到位
	KDWchuckcleanOK	D6522	DI	0	气动定心夹具未吹气
				1	气动定心夹具吹气信号
电火花机床	SLWchuckopen	D6521	DO	0	气动定心夹具关闭
				1	气动定心夹具打开
	SLWchuckclean	D6521	DO	0	气动定心夹具不吹气
				1	气动定心夹具吹气
	SLWchuckopen	D6521	DO	0	主轴夹头关闭
				1	主轴夹头打开

模块	名称	板卡	类型	信号	功能
电火花机床	SLEchuckclean	D6521	DO	0	主轴夹头不吹气
				1	主轴夹头吹气
	SLWchuckopenOK	D6522	DI	0	气动定心夹具关闭到位
				1	气动定心夹具打开到位
	SLEchuckopenOK	D6522	DI	0	主轴夹头关闭到位
				1	主轴夹头打开到位
	SLEchuckcleanOK	D6522	DI	0	主轴夹头未吹气
				1	主轴夹头吹气到位信号

任务考核与评价

基于技能学习的多元评价模块，开展多评价主体的课堂全过程考核，实现对学生知识、能力、素养的全方位分析。学生能通过学习分析模块，查看自己的学习变化动态情况。具体量化评价体系见表 2-12。

表 2-12　任务 2.2.3 项目评价量化表

评价内容及所占比重			评价标准			评价系统主体	评价对象
			完成	部分完成	未完成		
诊断性评价（20%）	在线资源自学情况	线上课程自学情况（5%）	5%	1%~4%	0	教师评价	个人
		在线测试情况（10%）	10%	1%~9%	0	系统评价	
		线上论坛参与情况（5%）	5%	1%~4%	0	教师评价	
评价内容及所占比重			评价标准			评价系统主体	评价对象
			完全规范	规范	不规范		
过程性评价（50%）	职业技能评价（30%）	smart 组件的创建（6%）	6%	1%~5%	0	学生互评、教师评价	小组/个人
		I/O 信号配置（8%）	8%	1%~7%	0		
		机器人搬运程序指令运用（8%）	8%	1%~7%	0		
		机器人搬运程序虚拟验证（8%）	8%	1%~7%	0		
	职业素养评价（20%）	操作软件规范使用（5%）	5%	1%~4%	0		
		精益求精的工作精神（5%）	5%	1%~4%	0		
		编程路径优化意识（5%）	5%	1%~4%	0		
		团队精神（5%）	5%	1%~4%	0		
评价内容及所占比重			评价标准			评价系统主体	评价对象
			正确合理	不正确、不合理			
结果性评价（30%）	机器人编程与操作	程序规划合理性（8%）	8%	0		多元评价系统、教师评价	个人
		机器人编程正确性（8%）	8%	0			
		虚拟仿真软件操作规范性（8%）	8%	0			
		实践任务完成度（6%）	6%	0			
小计			100%				

2.2.4　工业机器人运行调试操作

任务描述

（1）根据工业机器人搬运程序设计情况，完成工业机器人的分段点位调试。

（2）根据完成后的调试点位和程序编制，机器人搬运运行上下料，验证点位及程序的可行性。

任务分析

精准完成工业机器人程序传输、上下料的手动调试运行及节拍优化。

任务实施

2.2.4.1　RobotStudio 软件打包工作站

（1）建立完工作站后点击左上角"文件"，如图 2-74 所示。

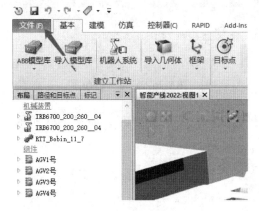

图 2-74　点击"文件"

（2）点击"共享"，如图 2-75 所示。

图 2-75　点击"共享"

（3）点击"打包"，如图 2-76 所示。

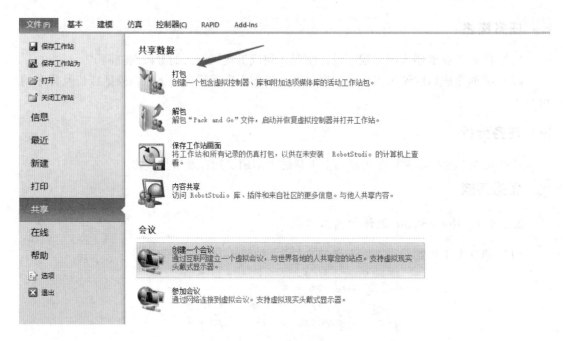

图 2-76　点击"打包"

（4）浏览确认保存打包位置后点击"确定"，如图 2-77 所示。

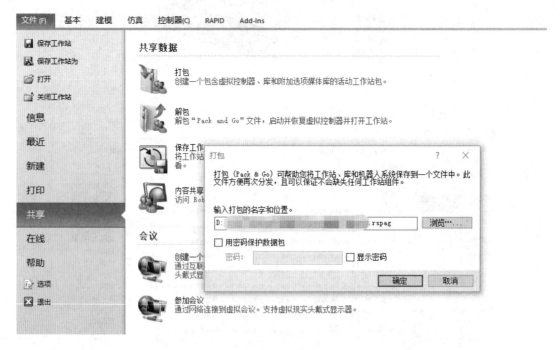

图 2-77　确认保存位置

2.2.4.2　工业机器人程序传输

（1）电脑与 ABB 控制柜网线连接，如图 2-78 所示。

图 2-78　连接位置

（2）打开 RobotStudio 软件。

（3）选择"文件→在线→一键连接"，如图 2-79 所示。

图 2-79　连接界面

（4）选择"控制器→请求写权限"，如图 2-80 所示。

（5）弹出如图 2-81 所示对话框。这个对话框表示操作进行中，如需取消则点击"取消"，正常操作进行到同意界面前，该界面自动消失。

（6）示教器出现如图 2-82 所示界面，点击"同意"。

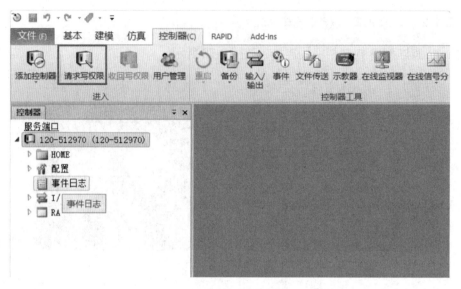

图 2-80   请求写权限

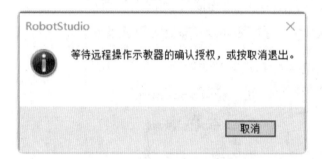

图 2-81   对话框

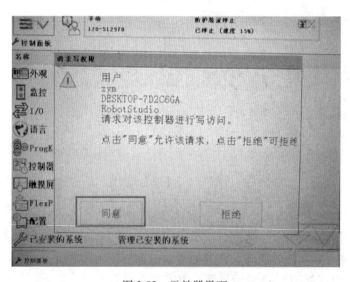

图 2-82   示教器界面

（7）RobotStudio 软件出现图 2-83 所示界面。

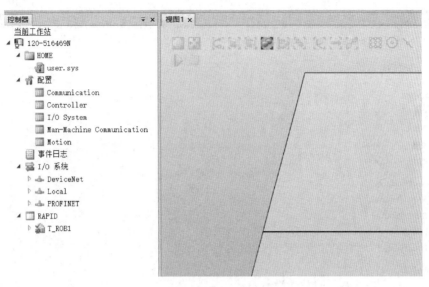

图 2-83 RobotStudio 界面

（8）打开 PAPID 列表，右击 T_ROB1，点击"加载程序"，如图 2-84 所示。

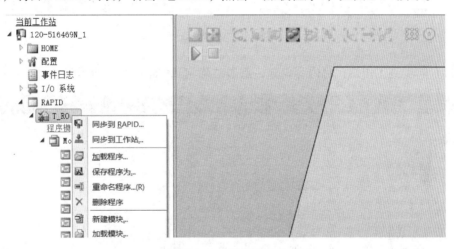

图 2-84 程序界面

（9）出现图 2-85 所示对话框，点击"是"。

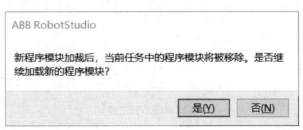

图 2-85 对话框

（10）找到并选中离线编写的程序，点击"打开"，如图 2-86 所示。

图 2-86　程序界面

（11）同步到工作站，将内容勾选，点击"确定"，如图 2-87 所示。

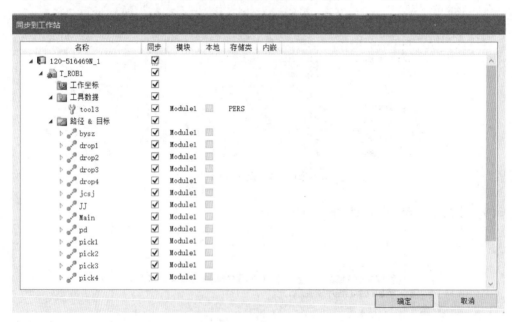

图 2-87　同步到工作站

（12）程序同步完成。

2.2.4.3　工业机器人抓取点位调校

利用激光对中，实现快速点位获取，如图 2-88 所示，操作步骤如下：

（1）调校 X、Y 向中心，Z 向旋转轴；

（2）调整 Z 向距离；

（3）示教器中程序数据中记录目标点。

图 2-88　点位对中调校方法

2.2.4.4　工业机器人上下料验证

（1）进行智能产线相关设备初始化及硬件检查。

1）模具加工单元相关设备：包括凯达加工中心、三菱电火花机床初始化；接驳台、线边库空置、手控盒、气压状态。

2）检测单元相关设备：包括清洗机初始化、三坐标测量机、打标机初始化；接驳台空置、手控盒、气压状态。

（2）工业机器人开机、测试及程序核对：

1）运行手动模式开机流程；

2）进行 I/O 信号测试；

3）进行程序调用。

（3）工业机器人上下料验证。确定机器人搬运目标点位准确性、机器人姿态合理性，程序执行正确性等，需要验证的部分包括：

1）模具加工单元。验证顺序为：3 号接驳台→凯达加工中心→线边库→电火花机床→3 号接驳台。

2）检测单元。验证顺序为：7 号接驳台→清洗机→三坐标测量机→打标机→7 号接驳台。

（4）工业机器人搬运调试运行。搬运路径从短到长执行，电火花目标点、接驳台目标点、线边库目标点、加工中心目标点准确性，机器人姿态合理性，程序执行正确性。

📋 任务考核与评价

基于技能学习的多元评价模块，开展多评价主体的课堂全过程考核，实现对学生知识、能力、素养的全方位分析。学生能通过学习分析模块，查看自己的学习变化动态情况。具体量化评价体系见表 2-13。

表 2-13　本任务项目评价量化表

评价内容及所占比重			评价标准			评价系统主体	评价对象
			完成	部分完成	未完成		
诊断性评价（20%）	在线资源自学情况	线上课程自学情况（5%）	5%	1%~4%	0	教师评价	个人
		在线测试情况（10%）	10%	1%~9%	0	系统评价	
		线上论坛参与情况（5%）	5%	1%~4%	0	教师评价	
评价内容及所占比重			评价标准			评价系统主体	评价对象
			完全规范	规范	不规范		
过程性评价（50%）	职业技能评价（30%）	坐标系建立情况（6%）	6%	1%~5%	0	学生互评、教师评价	小组/个人
		程序传输完成（8%）	8%	1%~7%	0		
		抓取点位调校（8%）	8%	1%~7%	0		
		调试运行验证（8%）	8%	1%~7%	0		
	职业素养评价（20%）	岗位素养规范（5%）	5%	1%~4%	0		
		软件操作规范（5%）	5%	1%~4%	0		
		操作完成后现场整理（5%）	5%	1%~4%	0		
		文明礼貌、团结互助（5%）	5%	1%~4%	0		
评价内容及所占比重			评价标准			评价系统主体	评价对象
			正确合理	不正确、不合理			
结果性评价（30%）	机器人编程与操作	坐标系建立正确性（8%）	8%	0		多元评价系统、教师评价	个人
		程序传输稳定性（8%）	8%	0			
		点位调校精准性（8%）	8%	0			
		实践任务完成度（6%）	6%	0			
小计			100%				

 习　题

（1）工业机器人系统的主要结构有哪些？

（2）工业机器人坐标系有哪些分类？

（3）智能制造物理实训区产线内工业机器人的操作步骤和注意事项有哪些？

（4）工业机器人编程的指令主要有哪些，使用的注意事项是什么？

（5）工业机器人基本 RAPID 程序建立的步骤是什么，有什么注意事项？

（6）工业机器人程序调试的要点有哪些？

（7）工业机器人运行调试步骤有哪些？

项目 3　智慧物流技术与应用

课件

任务 3.1　立体仓储系统

📋 任务介绍

通过学习，了解立体仓储系统的组成与基本参数，熟知智能产线上立体仓储各模块工作原理与作业流程，掌握立体仓储基本操作，为智能产线上的智慧物流调度工作打下基础。

⊕ 知识目标

分析立体仓储系统的组成与基本参数含义。

技能目标

根据工业任务要求，设计并执行立体仓储系统的规范操作。

A+ 素养目标

培养学生安全生产意识及解决实际工程问题的能力，树立民族品牌的科技自信。

3.1.1　立体仓储系统认知

📝 任务描述

介绍智慧物流系统的概念、应用及发展历程，展示立体仓储系统架构及相关参数，分析其组成部分：介绍工业立体仓库货架、工业全自动堆垛机、输送机等的结构及配置参数。

📑 任务分析

建立智慧物流系统概念，了解相关设备情况，为操作和应用设备完成智能产线的运输调度做好准备。

📑 相关知识

3.1.1.1　智慧物流系统概念

"智慧物流"源于 2008 年 DBM 提出的"智慧地球"概念，中国物流技术协会信息中心、华夏物流网、《物流技术与应用》编辑部于 2009 年 12 月联合提出了"智慧物流"概念。智慧物流指的是基于物联网技术应用，实现互联网向物理世界延伸，互联网与物流实体网络融合创新，实现物流系统的状态感知、实时分析、精准执行，进一步达到自主决策和学习提升，拥有一定智慧能力的现代物流体系。

《中国制造 2025》指出，通过实现制造活动的智能化，缓解不断上升的生产要素成本和社会资源紧张等问题。要想实现制造活动的智能化，就需要提高相关技术在智慧物流领域的应用，建立行业标准，推动智慧物流融合发展。

智慧物流通过智能硬件、物联网、大数据等智慧化技术与手段，提高物流系统分析决策和智能执行的能力，提升整个物流系统的智能化、自动化水平。智慧物流的软件包括 WMS 仓储系统、WCS 设备控制系统、调度系统、运输系统等。这些系统紧密关联，通过硬件设备（如计重、条码、AGV、堆垛机、PDA 等）获取货物状态、货物位置、货物是否超重及货车所在地理位置等信息。

智慧物流集多种服务功能于一体，体现了现代经济运作特点的需求，强调信息流与物质流快速、高效、通畅地运转，从而实现降低成本，提高生产效率，整合资源的目的。

3.1.1.2 立体仓储系统概念

自动化立体仓库是物流仓储中出现的新概念。利用立体仓库设备可实现仓库高层合理化、存取自动化、操作简便化；自动化立体仓库是当前技术水平较高的形式。自动化立体仓库的主体由货架、巷道式堆垛起重机、入（出）库工作台、自动运进（出）及操作控制系统组成。货架是钢结构或钢筋混凝土结构的建筑物或结构体，货架内是标准尺寸的货位空间，巷道堆垛起重机穿行于货架之间的巷道中，完成存、取货的工作。

3.1.1.3 智能产线立体仓储系统组成单元

A 工业立体仓库货架

整个货架采用碳钢加欧标 4040 铝型材构成，电气上采用 RFID 识别系统加欧姆龙光电系统构成控制元件。货位尺寸、货架尺寸以及数量可根据场地大小进行非标定制，如图 3-1 所示。

图 3-1 立体仓库货架实景

基本参数配置如下。

（1）货位尺寸：L600 mm×W600 mm×H650 mm。

（2）货架尺寸：L13730 mm×W2100 mm×H3900 mm。

（3）单货位最大承重：400 kg。

（4）双排组合货架4层18列共144个货位，可根据场地大小增加或减少列数来确定货架长度。

B　工业全自动堆垛机

堆垛机（见图3-2）采用西门子S7-1200系列控制型PLC并配置运动控制单元作为总控制单元，负责X、Y水平和垂直机构的运动控制，并负责对SICK激光定位系统输出的信号进行处理以进行精确定位操作。堆垛机的所有控制参数以及状态都可以通过西门子HMI人机来进行设置和处理，远程和自动控制通过PROFINET来进行传递。西门子S7-1200系列配置PROFINET模块，通过该模块，堆垛机的所有控制参数都可以上传到MES系统，MES系统的参数也可以下发到堆垛机系统。在堆垛机的控制面板上设有自动/单机开关以选择工作方式。手动方式下用户可使用操作面板上相应的按钮直接控制堆垛机的水平运行、载货台的上下升降及货叉的左右伸缩，以便于用户安装调试和维修。

图3-2　全自动堆垛机实景

基本参数配置如下：

（1）含地轨、天轨、立柱、双向货叉、提升机构和水平行走机构；

（2）控制方式为可编程控制器+交流伺服电机：X方向为交流伺服电机，Y方向为交流伺服电机，伸缩方向为交流减速电机；

（3）控制方式有手动/自动、人机界面、远程控制等；

（4）额定起重重量200 kg；

（5）运行停准精度不超过±4 mm；

（6）堆垛机自重800 kg，运行噪声小于56 dB；

（7）堆垛机两端采用行程开关作软限位，同时仍备有机械撞块做硬件保护；

（8）水平行走额定速度为30 m/min，可调；

（9）垂直升降额定速度为 30 m/min，可调；

（10）激光定位系统，定位精度不超过±4 mm；

（11）货叉采用二级差动滑叉，伸缩速度不低于 20 m/min，可实现巷道中双向取货；

（12）操作方式有手动操作、单机自动和联机操作三种。

C　输送机

输送机主要是完成物料的输送任务。在环绕库房、生产车间和包装车间的场地，设置有由许多皮带输送机、滚筒输送机等组成的一条条输送链，这些输送链经首尾连接形成连续的输送线，在物料的入口处和出口处设有路径岔口装置、升降机和地面输送线，在仓库、生产车间和包装车间范围内形成既可顺畅到达各个生产位置同时又是封闭的循环输送线系统。

基本参数配置如下：

（1）出入货台用于拖动物品出入立体仓库的接货口与出货口；工装板放置在出入库平台后由辊筒驱动将工装板带入或带出立体仓库货架；安装在立体仓库前方将需要进出库产品进行输送的平台，由传送电机、传输辊筒、支撑架、气缸、电磁阀等部分组成。

（2）全机长负荷不小于 200 kg。

（3）尺寸不小于 3000 mm×600 mm×800 mm。

（4）货台机架由表面氧化铝型材设计制造构建，出货台由交流电动机带动带式平移机构，完成出货动作。

（5）选用优质辊筒，可与全自动堆垛机衔接完成出货（出货台）和入货功能。

任务实施

引导学生结合线上与线下教学资源、网络资源及智能制造二元实训平台物理产线区的实物教学，积极探索了解智能产线的智慧物流系统情况，形成全面系统概念。

（1）智慧物理系统认知学习。

（2）立体仓储系统架构及设备认知学习。

（3）相关设备配置参数了解。

思政案例

京东物流很早就开始布局智能物流，"亚洲一号"是京东物流自建的亚洲范围内建筑规模最大、自动化程度最高的现代化智能物流项目之一，面积近 50 万平方米，相当于两座鸟巢（国家体育场）的面积。其核心功能是处理中件及小件商品，单日订单处理能力达到 160 万单，自动立体仓库可同时存储超过 2000 万中件商品。同时，该物流中心拥有 78 台"身高" 22 m 的堆垛机，其大型交叉带分拣系统全长 22 km，相当于港珠澳大桥跨海段桥梁的总长度；分拣机上有 800 多个分拣滑道将包裹分别分拣运送到全国各地的亚洲一号及分拣中心，准确率达到 99.99%，代表全球顶级水准。

任务考核与评价

基于技能学习的多元评价模块，开展多评价主体的课堂全过程考核，实现对学生知识、能力、素养的全方位分析。学生能通过学习分析模块，查看自己的学习变化动态情况。具体量化评价体系见表 3-1。

表 3-1　任务 3.1.1 项目评价量化表

评价内容及所占比重			评价标准			评价系统主体	评价对象
			完成	部分完成	未完成		
诊断性评价（20%）	在线资源自学情况	线上课程自学情况（5%）	5%	1%~4%	0	教师评价	个人
		在线测试情况（10%）	10%	1%~9%	0	系统评价	
		线上论坛参与情况（5%）	5%	1%~4%	0	教师评价	

评价内容及所占比重			评价标准			评价系统主体	评价对象
			完全规范	规范	不规范		
过程性评价（50%）	职业技能评价（30%）	智慧物流系统认知（6%）	6%	1%~5%	0	学生互评、教师评价	小组/个人
		立体仓储系统认知（8%）	8%	1%~7%	0		
		设备结构认知（8%）	8%	1%~7%	0		
		配置参数了解（8%）	8%	1%~7%	0		
	职业素养评价（20%）	岗位素养规范（5%）	5%	1%~4%	0		
		安全操作规范（5%）	5%	1%~4%	0		
		实训现场整理（5%）	5%	1%~4%	0		
		文明礼貌、团结互助（5%）	5%	1%~4%	0		

评价内容及所占比重			评价标准		评价系统主体	评价对象
			正确合理	不正确、不合理		
结果性评价（30%）	立体仓储系统认知	智慧物流系统了解（8%）	8%	0	多元评价系统、教师评价	个人
		立体仓储系统认知（8%）	8%	0		
		设备结构了解（8%）	8%	0		
		设备配置参数了解（6%）	6%	0		
小计			100%			

3.1.2　立体仓储系统应用

📝 任务描述

进入智能制造二元实训教学平台物理产线区的立体仓储系统进行基本操作学习，依次学习自动运行模式和手动运行模式下的入库作业、出库作业、拣选作业流程以及系统操作。

📝 任务分析

智能制造虚实二元实训中心的物理产线区提供真实的生产场景，开展现代化智慧物流系统操作的学习和实践，可以增强学生的动手能力和职业体验感。

📑 **相关知识**

3.1.2.1 智能仓储管理系统软件 WMS

进入 WMS 仓储物流管理系统，界面如图 3-3 所示。

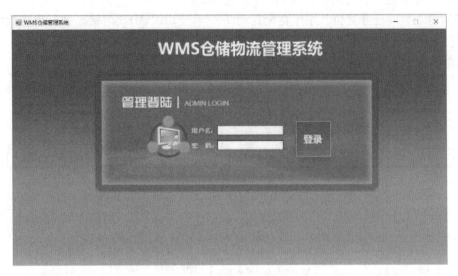

图 3-3 WMS 仓储物流管理系统登录界面

系统主界面如图 3-4 所示，包括：

（1）系统、场地、设备管理栏，包括系统管理、历史记录、场地管理、设备管理、故障处理、帮助信息；

（2）准备状态栏，包括立体库的故障报警监控与报警、小车的故障报警监控；

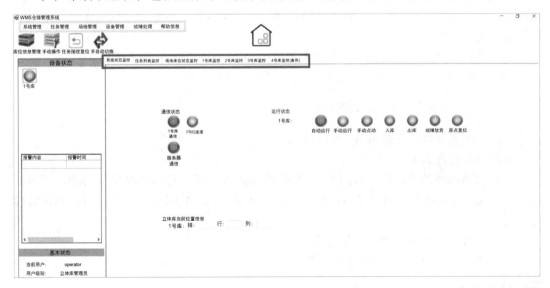

图 3-4 WMS 仓储物流管理系统操作界面

（3）基本状态，包括当前登录用户、用户级别、登录时间以及当前时间；

（4）系统、库位、任务列表监控栏，包括系统状态监控、任务列表监控、场地库位状态以及各个立体库库位监控；

（5）手动操作，手动实现立体库的出入库功能；

（6）任务分配，手动代替 ERP\MES 下达命令；

（7）自动接收任务复位，用于在全自动任务（与 ERP\MES 对接）执行出现故障时复位重新接收任务。

系统的技术架构如图 3-5 所示。

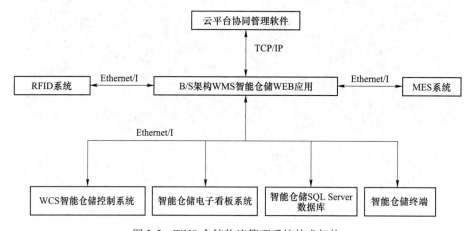

图 3-5　WMS 仓储物流管理系统技术架构

系统的基本参数配置：

（1）立体仓库实时管控系统，实时显示立体仓库库存、当前执行任务及排队任务、出入库记录、报警记录等。B/S 架构可通过 Wi-Fi 用手机、平板电脑等设备进行远程出库、移库、出料的操作，并实时监控任务执行情况。所有出入库、移库操作自动在仓库管理系统中生成出入库单据。

（2）系统与 MES 系统、RFID 系统无缝对接。

（3）软件具有多样仓储管理法则自定义功能与应用。

3.1.2.2　立体仓库智能触控终端

立体仓库智能触控终端如图 3-6 所示。

基本参数配置如下：

（1）具备网络通信功能，采用 65 寸触控终端进行控制；具备动画监控功能，实时显示智能仓储的运动状态、运动参数、动画监控、状态信息、数据列表统计，可追溯性管理等功能。

（2）与控制系统通信速度不超过 50 m/s。

（3）通信采用 OPC 或以太网等方式。

任务实施

立体仓储系统操作分为自动运行模式和手动运行模式两种。

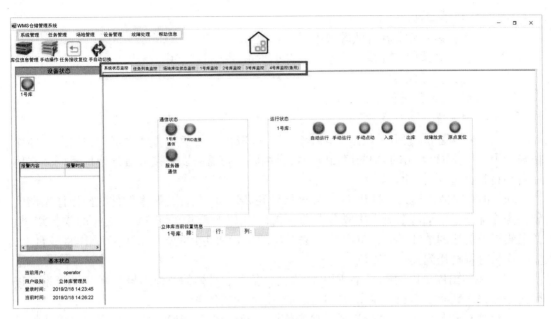

图 3-6   WMS 仓储物流管理系统触控终端

3.1.2.3   系统自动运行模式

系统启动，默认机械手处于自动运行模式，如图 3-7 所示。此模式下，机械手可以根据中央物流调度软件发送的命令自动进行出入库动作，但在进行全自动出入库前，必须确保中央物流调度系统软件处于打开状态，且已经处于自动接收 ERP \ MES 下发相关任务的状态，当在全自动状态下有任务下达时候，可以切换到 WMS 主界面任务列表监控界面，实时监控当前任务执行的状态。

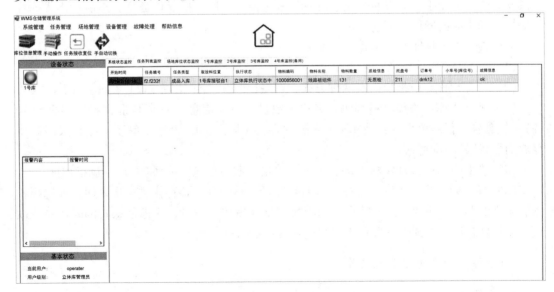

图 3-7   WMS 仓储物流管理系统自动运行界面

A　任务记录颜色

（1）无色：表示任务在排队等待中。

（2）黄色：立体库正在执行状态中或者小车正在执行状态中。

（3）红色：任务执行完毕。

B　自动模式运行流程

（1）原料入库。

1）立体库模式。打开系统，手动清空对应接驳台上的货物，然后将货物放到立体库接驳台上，用 ERP 配用的 PDA 扫相应的物料编码、托盘码以及接驳台的地址条码，立体库自动将物料送到具体库位。

2）AGV-立体库模式。打开 AGV 调度软件和 ZZWMS 软件，调度软件的操作详见调度软件操作部分，手动清空对应接驳台上的货物，用 ERP 配用的 PDA 扫相应的物料编码、托盘码以及货架的地址条码，AGV 小车去对应的位置取走货物放到对应立体库接驳台上，立体库再将货物送到具体的库位。

（2）原料出库。由 MES 或者 ERP 发送物料信息、具体的产线编号，AGV 调度系统进行任务分解，然后小车和立体库协同依次执行分解后的任务。

（3）原料质检。由 ERP 发送质检信息修改和回库请求，WMS 收到相应的请求后将对应到货单下物料质检信息修改，并且将回库的任务添加到任务列表中；然后进入 WMS 中质检回库任务列表的界面，选中对应物料的任务，鼠标右键选择质检出库；立体库将对应的物料运送出来，质检员退还检验的物料，然后进入回库界面，点击发送质检回库命令。

3.1.2.4　系统手动运行模式

立体仓储系统手动运行模式（见图 3-8）分为两种状况：一种是根据就近原则自由检索出入库（如空框入库、空框出库、满框入库、满框出库）；另一种是按行、列、排确定的位置。出入库手动操作包括 3 个区域，即手动操作必选区域、物料信息选择区域和出入库操作区域。进行手动操作前必先进行库位号选择，然后选择操作类型，最后在出入库操作一栏选择相应的操作类型。

操作类型以及具体操作步骤详解如下：

（1）空框入库。托盘号→空框入库。

（2）空框出库。空框出库有两种方式：1）托盘号→空框出库；2）空托盘出库。

（3）满框入库。添加物料编码、名称、数量、质检信息（一个料框物料种类少于 10 种）→托盘号→任务单号（到货单号）→备注信息（可选：1、3 号库备注"托盘限高"将存放到最高层）→满框入库。

（4）满框出库。添加物料编码、名称、数量、质检信息（一种物料）→满框出库。

（5）行、列、排出入库。选择具体的移存行、移存列、移存排进行出入库，即选择具体的库位出入库。注意：入库时在添加物料信息（编码、数量、质检信息）的时候系统默认入库的是满框，否则为空框；出库则选择具体的行列排出库。

3.1.2.5　立体仓储系统操作

A　入库作业

货物单元入库时，由输送系统运输到入库工位。货物使用 RFID 识别系统进行扫描识

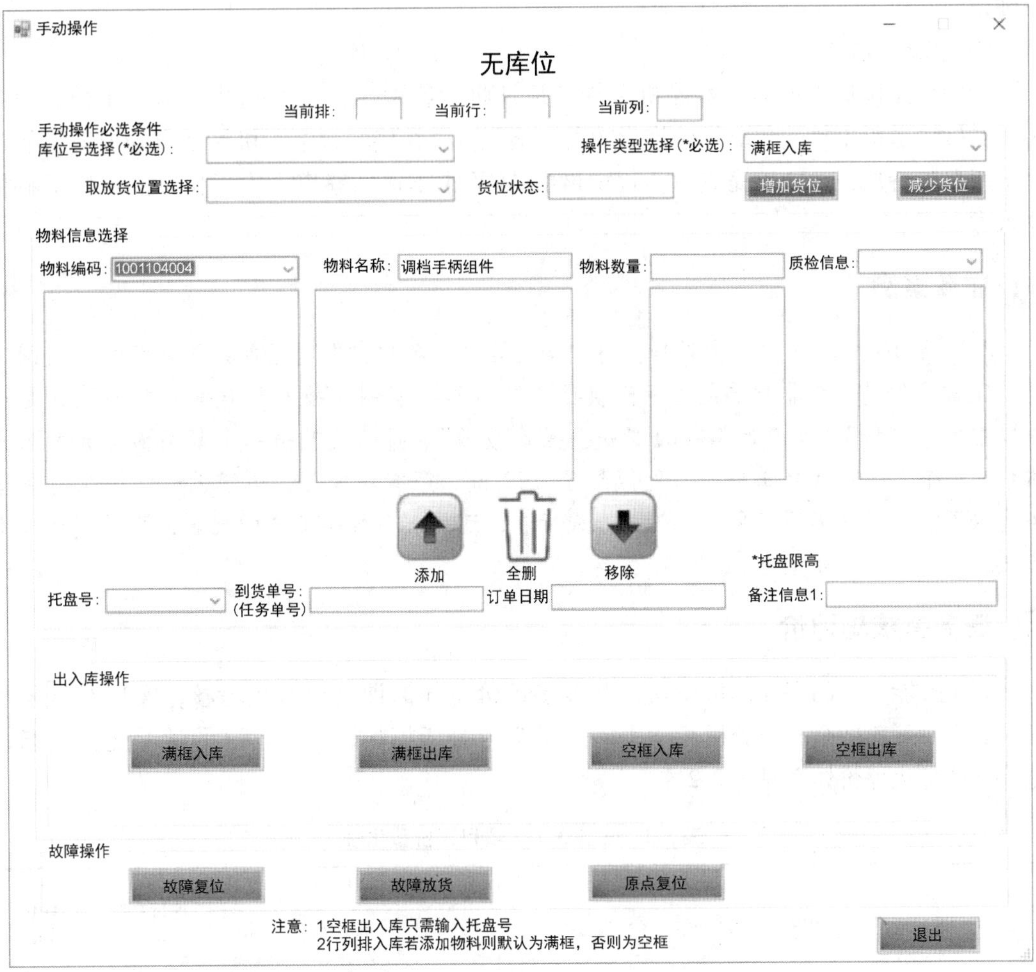

图 3-8　WMS 仓储物流管理系统手动运行界面

读，标签芯片携带的信息被读取，传递给中央服务器。控制系统根据中央服务器返回的信息来判断是否入库以及货位坐标，当能够确定入库时控制系统发送包含货位坐标的入库指令给执行系统，堆垛机通过自动寻址，将货物存放到指定货格。在完成入库作业后，堆垛机向控制系统返回作业完成信息，并等待接收下一个作业命令。控制系统同时把作业完成信息返回给中央服务器数据库进行管理。

B　出库作业

根据要求将货物信息输入上位管理机的出库单，中央服务器将自动进行库存查询，并按照先进先出、均匀出库、就近出库等原则生成出库作业，传输到终端控制系统中。控制系统根据当前出库作业及堆垛机状态，安排堆垛机的作业序列，将安排好的作业命令逐条发送给相应的堆垛机。堆垛机到指定货位将货物取出，放置到巷道出库台上，并向控制系统返回作业完成信息，等待进行下一个作业命令。监控系统向中央服务器系统反馈该货物出库完成信息，管理系统更新库存数据库中的货物信息和货位占用情况，完成出库管理。如果某一货位上的货物已全部出库，则从货位占用表中清除此货物记录，并清除该货位占用标记。

C　拣选作业

货物单元拣选出库时，堆垛机到指定地址将货物取出，放置到巷道出库工位。AGV小车对接输送机出料端，取货后将货物送至接驳台。在接驳台上，机械手自动抓取货物按照出库单进行加工。加工完成后，货物再由 AGV 小车送回巷道入库工位，由堆垛机将货物入库。

思政案例

2016 年 10 月，51 岁的张兴华获得中华全国总工会和中央电视台共同颁发的"大国工匠"荣誉。他是省级非物质文化遗产项目"二界沟排船制作技艺"代表性传承人，是渔民口中的"掌作"，是船员尊敬的"安全操作教师"。排船技艺是一个复杂而庞大的工艺体系，一个人很难独立掌握，而他做到了，22 道工序有序操作，道道入微，手工打制渔船滴水不漏。张兴华不仅是工匠精神的践行者，还是众多排船工匠的代表，更是辽河口木船文化的传承人和守望者。

任务考核与评价

基于技能学习的多元评价模块，开展多评价主体的课堂全过程考核，实现对学生知识、能力、素养的全方位分析。学生能通过学习分析模块，查看自己的学习变化动态情况。具体量化评价体系见表 3-2。

表 3-2　任务 3. 1. 2 项目评价量化表

评价内容及所占比重			评价标准			评价系统主体	评价对象
			完成	部分完成	未完成		
诊断性评价（20%）	在线资源自学情况	线上课程自学情况（5%）	5%	1%~4%	0	教师评价	个人
		在线测试情况（10%）	10%	1%~9%	0	系统评价	
		线上论坛参与情况（5%）	5%	1%~4%	0	教师评价	
评价内容及所占比重			评价标准			评价系统主体	评价对象
			完全规范	规范	不规范		
过程性评价（50%）	职业技能评价（30%）	明确立体仓储系统的操作步骤（6%）	6%	1%~5%	0	学生互评、教师评价	小组/个人
		出库管理操作（8%）	8%	1%~7%	0		
		入库管理操作（8%）	8%	1%~7%	0		
		具体生产任务应用（8%）	8%	1%~7%	0		
	职业素养评价（20%）	防护用品穿戴规范（5%）	5%	1%~4%	0		
		系统操作规范（5%）	5%	1%~4%	0		
		现场操作规范（5%）	5%	1%~4%	0		
		文明礼貌、团结互助（5%）	5%	1%~4%	0		

评价内容及所占比重			评价标准		评价系统主体	评价对象
			正确合理	不正确、不合理		
结果性评价（30%）	立体仓储系统应用操作	立体仓储系统应用合理性（8%）	8%	0	多元评价系统、教师评价	个人
		入库操作正确性（8%）	8%	0		
		出库操作正确性（8%）	8%	0		
		实践任务完成度（6%）	6%	0		
小计			100%			

 习　题

（1）什么是智慧物流？

（2）智能产线立体仓储系统组成单元有哪些？

（3）智能仓储管理系统软件 WMS 具有哪些功能？

（4）立体仓储系统操作步骤有哪些？

任务 3.2　物流 AGV 小车

任务介绍

结合智能制造二元实训教学平台物理产线区和虚拟产线区的物流 AGV 小车设置及功能需要，分析 AGV 小车的结构、工作原理和人机界面的功能，介绍 AGV 小车运行指令的运用，进行 AGV 小车航迹规划、编程及运行调试。

知识目标

掌握 AGV 代码指令及航迹编程的技巧。

技能目标

根据实际规划路径，能编写 AGV 运行程序，并能合理布置芯片点，调试完成 AGV 小车的运行动作。

素养目标

具备安全防护意识和解决产线智慧物流调试的实际工程能力；养成严谨细致的工作习惯；具备技能报国、责任在肩的使命感。

3.2.1　物流 AGV 小车认知

任务描述

了解物流 AGV 小车的功能原理、功能特点、基本构造与分类等基本知识，深入探讨物流 AGV 小车的自动识别系统与控制系统的原理及应用。

任务分析

结合智能制造二元实训教学平台的设备，进行物流 AGV 小车相关知识的学习，为未来从事设备相关工作提供坚实的基础。

相关知识

3.2.1.1　AGV 小车基本介绍

Automated Guided Vehicle 简称 AGV，通常也称为 AGV 小车（见图 3-9），指装备有电磁或光学等自动导引装置，能够沿规定的导引路径行驶，具有安全保护以及各种移载功能的运输车，是工业应用中不需驾驶员的搬运车，以可充电的蓄电池为其动力来源。

AGV 小车一般可通过电脑来控制其行进路线以及行为，或利用磁条轨道来设立其行进路线，磁条轨道粘贴于地面上，无人搬运车则依靠磁条轨道所带来的讯息进行移动与动作。

AGV 小车通过检测地面上铺设的磁条轨道进行导航循迹，RFID 读卡器读取 RFID 电子标签的同时，根据各电子标签赋予的指令，来执行停车、挂扣等工作。

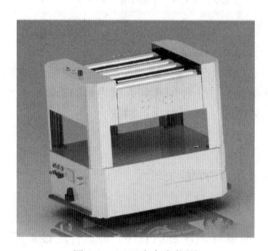

图 3-9　AGV 小车实物图

3.2.1.2　AGV 功能特点

当 AGV 读到 RFID 电子标签时，会选择相应的动作指令（AGV 停车、AGV 加减速、路径选择、顶升牵引、交通管制通信等）。

（1）AGV 停车。AGV 读到相应的赋予停车指令的 RFID 电子标签时，AGV 就会在当前位置停车。

（2）AGV 加减速。AGV 在运行路径中，直线高速运行，弯曲、特殊区域、动作区域（自动升降脱挂料车、平台对接等）可分别设定不同的速度值，速度级别分为四个级别，速度的切换通过赋予各个指令的 RFID 电子标签来实现。

（3）路径选择。AGV 读到相应的路径选择 RFID 电子标签时，将会选择相应的磁条轨道分叉路线。

（4）顶升牵引。顶升牵引 AGV 小车到达指定站点并且实现与输送线体的生产线的对接后，会自动实现物料的装载与卸载。

（5）交通管制通信。AGV 运行到交叉路口附近时，读到相应的 RFID 电子标签，将通过无线通信发送信号到交通管制系统，交通管制系统对此路段的 AGV 小车行驶情况进行限行，避免造成碰撞情况。

除以上功能外，AGV 还具有电量智能检测功能，电量不足时自动发出充电申请，等更换电池或电量充满后，自动给出充电完成信号。AGV 具有完善的自我诊断系统，AGV 控制软件和硬件具有自检测、自诊断、自保护功能。

3.2.1.3 AGV 基本构造与类型

AGV 硬件结构包括车载控制器、导航模块、电池模块、障碍物探测模块、报警模块、充电模块、通信模块等，行驶机构响应上位控制系统指令，在工作区域内行走、停止、移动搬运货架或其他负载。AGV 硬件结构分类如图 3-10 所示。

AGV 软件主要是控制系统软件，其通过 Wi-Fi 或其他传输链路，控制 AGV 动作。主要控制功能包括地图管理、路径导航、路径规划、AGV 导引控制、自主充电控制、交通管理、任务分配、报警信息管理等。

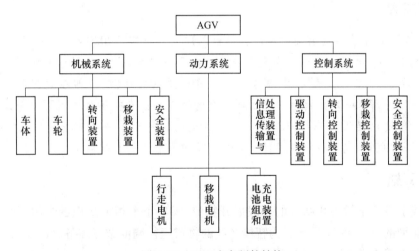

图 3-10　AGV 小车硬件结构

AGV 的主要类型如图 3-11 所示。

3.2.1.4 AGV 站点自动识别系统

自动识别系统采用射频识别技术，基本射频识别系统由 RFID 电子标签（Tag 或 Transponder）和 RFID 读写器构成，电子标签的存储容量高达 32 kbits。根据射频工作的频段和应用场合的不同，RFID 能够识别从几厘米到几十米范围内的电子标签，并且能在运

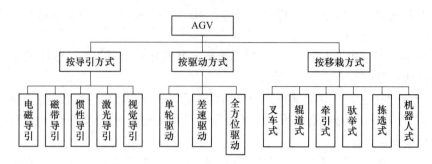

图 3-11　AGV 小车类型

动中实时读取。在 AGV 路径旁放置非接触射频卡，由车载射频卡读卡器实时读取射频卡中存储的加减速、路径编号、工位编号、仓库编号、等待时间等大量信息，能够很好地解决视觉识别标识特征所带来的实时性、多义性问题。

在 AGV 头部下方安装一个 RFID 读卡器，与 AGV 控制系统对接，然后在轨道节点处安装一个电子标签，并赋予每个节点上的电子标签一个 ID 号和定义，比如节点 A 处代表 AGV 要拐弯，用 ID 号 00001 表示，一旦运输车在经过 A 处时，RFID 读卡系统会读取 A 处的电子标签 ID 号，并根据 ID 号的特定指令做出相对应的拐弯动作，从而实现 AGV 调度系统功能、站点定位功能。

思政案例

"打水漂"这个古老而有趣的游戏，被融入航天任务中。2020 年 12 月 17 日，嫦娥五号返回舱利用"打水漂"原理，在大气层表面打了个"水漂"，安全返回地球。

嫦娥五号的"太空水漂"，术语称为"半弹道跳跃式返回"，即在返回器初次进入大气层一定深度并滑行一定距离后，通过调整它的姿态，让它在气动作用下重新跃起，以此将它的飞行速度由接近第二宇宙速度（11.2 km/s），降至第一宇宙速度（7.9 km/s）以内。嫦娥五号的创新式运行轨道设计充分体现了中国航天的科技创新。

任务实施

通过线上及线下学习相结合的手段展开物流 AGV 小车相关知识的学习，全方位多角度认知多类型的 AGV 小车设备，为智能产线的物流运行调度做好准备。

（1）通过资料查询，了解物流 AGV 小车的基本原理。

（2）讨论分析物流 AGV 小车的功能及特点。

（3）研讨对比物流 AGV 小车的基本构造，及不同分类及功能特点。

（4）通过资料查询，了解认知自动识别系统。

（5）通过资料查询，了解认知物流 AGV 小车安全控制系统。

任务考核与评价

基于技能学习的多元评价模块，开展多评价主体的课堂全过程考核，实现对学生知

识、能力、素养的全方位分析。学生能通过学习分析模块，查看自己的学习变化动态情况。具体量化评价体系见表 3-3。

表 3-3　任务 3.2.1 项目评价量化表

评价内容及所占比重			评价标准			评价系统主体	评价对象
			完成	部分完成	未完成		
诊断性评价（20%）	在线资源自学情况	线上课程自学情况（5%）	5%	1%～4%	0	教师评价	个人
		在线测试情况（10%）	10%	1%～9%	0	系统评价	
		线上论坛参与情况（5%）	5%	1%～4%	0	教师评价	

评价内容及所占比重			评价标准			评价系统主体	评价对象
			完全规范	规范	不规范		
过程性评价（50%）	职业技能评价（30%）	AGV 小车原理认知（6%）	6%	1%～5%	0	学生互评、教师评价	小组/个人
		AGV 小车功能特点认知（8%）	8%	1%～7%	0		
		AGV 小车原理基本构造认知（8%）	8%	1%～7%	0		
		AGV 小车识别与控制系统认知（8%）	8%	1%～7%	0		
	职业素养评价（20%）	岗位素养规范（5%）	5%	1%～4%	0		
		自我学习能力（5%）	5%	1%～4%	0		
		归纳分析能力（5%）	5%	1%～4%	0		
		文明礼貌、团结互助（5%）	5%	1%～4%	0		

评价内容及所占比重			评价标准		评价系统主体	评价对象
			正确合理	不正确、不合理		
结果性评价（30%）	AGV 小车认知	原理特点认知（8%）	8%	0	多元评价系统、教师评价	个人
		构造分类对比（8%）	8%	0		
		识别及控制系统认知（8%）	8%	0		
		学习任务完成度（6%）	6%	0		
小计			100%			

3.2.2　物流 AGV 小车运行调试

任务描述

掌握 AGV 小车的工作原理和人机界面的功能，掌握 AGV 小车运行指令的运用，进行 AGV 小车航迹规划、编程及运行调试。

任务分析

结合智能制造二元实训教学平台的物理产线区，进行 AGV 小车的航线规划、程序编制和运行调试，在实践操作中提升技能水平。

📑 **相关知识**

3.2.2.1　智能产线内 AGV 小车基本情况

智能产线采用的 AGV 小车为顶升系列智能小车双向牵引顶升型 AGV，型号 ZZCar313-300 kg，可以原地旋转，顶升方式与料车对接，特别适合空间紧凑、需要反应灵敏的场合，物品重量可以达到 200 kg。

A　具体产品技术参数

AGV 小车具体参数见表 3-4。

表 3-4　AGV 小车参数

序号	项目	技术参数
1	结构形式	双向背负式
2	最大负载重量	200 kg
3	运行速度	500 kg 级 5~40 m/min，1000 kg 级 5~30 m/min
4	驱动方式	双轮差速驱动
5	导航方式	磁导航加激光双导航
6	行进方式	前进后退、左右转弯及原地旋转
7	停车精度	±3 mm（读卡器定位）
8	导航精度	±5 mm
9	适应地面凹凸	±5 mm（1 m 范围以上）
10	爬坡角度	≤2°（1 m 范围以上）
11	通过沟槽能力	≤20 mm
12	启动模式	手动、遥控、自动
13	命令控制方式	地标信息、中央调度
14	安全设施	红外+安全触边+急停
15	工作噪声	≤75 dB
16	电池容量	120 A·h
17	AGV 报警装置	声、光报警，运行警示音
18	最小转弯半径	800 mm（不同车型有所区别）

B　操作面板介绍

AGV 小车操作面板具体结构如图 3-12 所示。

（1）电源开关：采用钥匙开关、系统供电开关。

（2）手动/自动模式：采用选择开关，进行手动/自动模式切换。

（3）启动按钮：将 AGV 置于磁条上后，按下启动按钮，绿灯亮起，启动按钮有效，AGV 开始运行。

（4）复位按钮：对相关报警信息与运行指令进行复位。

（5）停止按钮：AGV 工作时，按下停止按钮，红灯亮起，AGV 停止运行。

（6）急停按钮：用于在紧急情况下，切断系统供电，起到及时保护的作用。

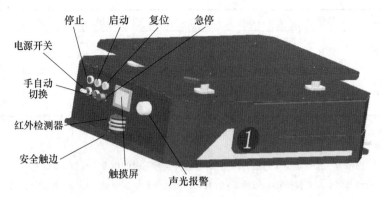

图 3-12　AGV 小车操作面板

（7）顶板升降：用于控制顶板的升降。先按红色按钮，再按黄色按钮，可控制顶板上升；先按红色按钮，再按绿色按钮，可控制顶板下降。

（8）声光报警：此报警器集红、黄、绿及声音报警器于一体，用于 AGV 工作过程中各种状态与报警信息的提示。

（9）触摸屏：用于用户监视 AGV 当前状态、各项目功能参数设置等功能。

（10）红外检测器：用于 AGV 在自动工作模式下，前方一定范围距离内的安全检测，防止意外碰撞。

（11）安全触边：用于 AGV 自动工作模式下，近距离安全检测，防止意外碰撞。自动运行装载下，当红外传感器失效或其他状况下，AGV 车头即将与障碍物发生碰撞时，通过安全触边传感器，AGV 自动停止，并发出声光报警。

C　操作面板具体说明

AGV 小车操作面板具体功能见表 3-5。

表 3-5　功能结构

序号	电源	急停	手动、自动	停止	启动	复位	起、落	功能说明
1	关闭	—	—	—	—	—	—	系统断电
2	打开	按下	—	—	—	—	—	系统急停
3	打开	旋开	—	—	—	—	—	系统工作
4	打开	旋开	—	—	—	—	起	驱动单元离地
5	打开	旋开	—	—	—	—	落	驱动单元着地
6	打开	旋开	手动	—	长按	—	落	直行
7	打开	旋开	手动	长按	长按	—	落	右转弯
8	打开	旋开	手动	—	长按	长按	落	左转弯
9	打开	旋开	自动	—	按下	—	落	自动运行
10	打开	旋开	自动	按下	—	—	落	停止
11	打开	旋开	—	—	—	按下	落	复位

序号	电源	急停	手动、自动	停止	启动	复位	起、落	功能说明
12	打开	旋开	自动	长按	—	长按	—	牵引销升（停车状态有效）
13	打开	旋开	自动	长按	长按	—	—	牵引销降（停车状态有效）

注 1. 表格中"—"代表人员不操作；
    2. "长按"操作为持续按住按钮；
    3. "按下"操作为"按下维持 1 s+放开按钮"，普通开关按下时间应至少保持 1 s 以上；
    4. 手动、自动与起、落切换按钮，切换 5 s 后有效，因此切换该按钮后，切勿立即操作，待 5 s 后操作。

AGV 工作模式分为"手动模式"与"自动模式"两种，通过切换面板上的"手/自"按钮实现模式的切换。手动模式一般用于手动导引 AGV 到达指定目的地。自动模式用于常规自动运行使用。特别注意：若自动模式按启动不走，则长按黄色复位按钮，再按绿色启动按钮。

D 人机界面操作

a 主界面

主界面如图 3-13 所示。图中"电池电压"处显示当前电池的电量信息，点击触摸主界面的任意位置可进入菜单界面。

b 菜单界面

菜单界面如图 3-14 所示。

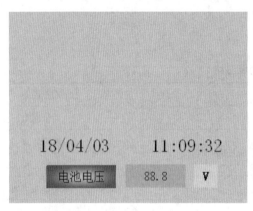

图 3-13 操作主界面　　　　　图 3-14 操作菜单界面

（1）状态显示：可进入小车当前状态的监控画面。

（2）参数配置：可进入小车运行参数设定画面。

（3）参数下载：用于将设定好的小车运行参数下载到系统中。

（4）公司信息：显示生产单位的相关信息。

（5）故障记录：显示小车运行中出现报警的具体信息以及记录历史报警信息等。

（6）航线编程：用于设定小车运行轨迹（RFID 电子标签使用）。

（7）触摸屏设置：进入该界面可对人机界面触摸屏的相关功能进行设置。

（8）手控操作：进入该界面可使用人机界面对小车进行控制。

为了提高系统的安全性，"参数配置"和"航线编程"两个菜单采用了密码保护技术，输入正确密码后，方可进入操作界面。

c　状态显示

点击菜单界面下"状态显示"菜单进入 AGV 当前运行状态监控界面，如图 3-15 所示。

（1）AGV 编号：监控显示设置当前小车的编号。

（2）控制模式：监控显示当前状态下的模式（手动、自动）。

（3）运行模式：监控显示当前小车运行方向（前进、后退）。

（4）运行状态：监控显示当前小车的运行状态（运行、停止）。

（5）电池状态：监控显示当前小车电池的电量状态（欠压、正常）。

（6）升降电机：监控显示升降电机当前状态（升、降）。

（7）红外装置：监控显示当前红外安全传感器检测状态。

（8）防撞装置：监控显示当前小车防撞条的状态。

（9）导航设备：监控显示导航模块当前位置信息（正常、脱轨）。

（10）红外检测：监控显示红外安全传感器近远端检测位的状态。

（11）当前 ID 号：显示小车当前射频模块读卡的卡号。

（12）先前 ID 号：显示小车先前射频模块读卡的卡号。

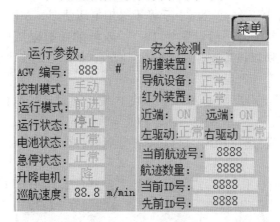

图 3-15　状态显示界面

d　参数配置

点击菜单界面下"参数配置"菜单，输入正确密码后，进入 AGV 运行参数设置界面 1，如图 3-16 所示。

（1）速度设置。高速、快速、中速、低速为 AGV 自动运行时选择运行的速度，相对应的数据输入按键可改变 AGV 运行时的速度。高速、快速、中速、低速设置具有掉电保护功能，即 AGV 关闭电源再打开电源，原设置的数据依然有效。建议高速设定值范围为 25～30 m/min，快速设定值范围为 20～25 m/min，中速设定值范围为 15～20 m/min，低速设定值范围为 10～15 m/min。

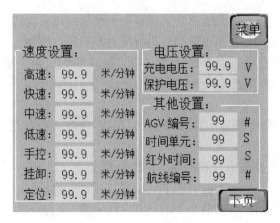

图 3-16　参数配置界面 1

手控速度用于设置 AGV 在手动模式下运行的速度，即小车人为手动控制下运行速度。建议手控速度不要设置过高（一般设置为 10~20 m/min），以免在手控运行过程中造成意外伤害。

（2）电压设置。

1）充电电压：用于设定提示 AGV 需要充电的界限值，当电池电压值达到此限定值时，AGV 发出绿灯闪烁报警，提示用户电池需要充电。此电压值应大于保护电压值，且差值大于 0.5 V。建议客户一般设置为 22 V。

2）保护电压：当 AGV 当前电压小于等于保护电压值时，AGV 发出欠压报警，同时 AGV 自动停止。保护电压值一般设置为 21 V。较低的保护电压可能导致 AGV 运行异常（如驱动电机等），所以该参数客户请勿随意修改；如果必须修改应联系厂商。

（3）其他设置。

1）AGV 编号：用于用户设定 AGV 的编号，便于通过监控软件来运作和识别编号。AGV 编号范围为 0~99。

2）时间单元：该设置时间用于红外延时感应延时放行时间以及上下料动作延时时间，单位为 s。

在图 3-16 所示界面点击"下页"进入参数配置界面 2，如图 3-17 所示。

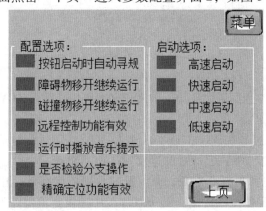

图 3-17　参数配置界面 2

启动选项中分 4 种速度启动，用户在图 3-16 所示参数配置界面中设定好高速、快速、中速、低速的速度后，在启动选项中选择 AGV 自动运行时的运行速度。

（1）启动选择中的 4 种速度启动按钮在软件上已做了限制，用户只可选择其中一个有效。

（2）启动选项未选择，会造成小车无法正常运行。

（3）当选项内容前的按钮为红色时，说明没有选择该项功能；为绿色且显示"√"时，说明已经选择了该项功能。

注意：参数配置界面下所有数据更新，必须经过参数下载后，更新的参数才能有效，否则无效。

e 参数下载

点击菜单界面下"参数下载"菜单进入 AGV 运行参数下载界面，如图 3-18 所示。该界面下可以对 AGV 运行参数进行下载与上载。

（1）参数配置更新。"参数配置更新"用于将"参数配置"界面下的所有参数进行下载操作，用于改变 AGV 基本运行参数。点击"下载"按钮，弹出参数下载确定界面，如图 3-19 所示。

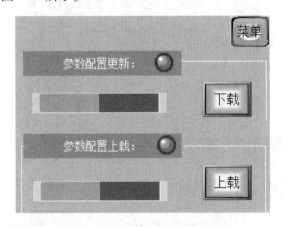

图 3-18 参数下载界面

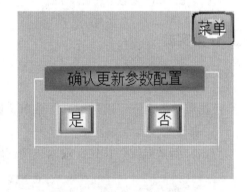

图 3-19 参数下载确定界面

点击界面中"是"按钮，执行参数下载命令。界面跳转回图 3-18 所示的参数下载界面，此时状态进度条向前移动，当数据下发完毕时，"参数配置更新"后的"●"由红色变为绿色，同时进度条已满，说明设置参数成功，如图 3-20 所示；否则，参数未下载成功，需重复执行下载命令。参数下载成功后，关闭电源并重新启动，即可按照设定的参数来运行 AGV。如果下载多次未成功，应关闭电源，重新启动电源，人机界面出现电池电压后，再执行下载操作。

图 3-20 参数下载成功界面

点击图 3-19 所示界面中"否"按钮，不执行下载指令，界面跳转回图 3-18 所示参数下载界面。

（2）参数配置上载。"参数配置上载"用于查看当前 AGV 内部的参数设置。点击图 3-18 所示界面中"上载"按钮，进入参数配置上载确认界面，如图 3-21 所示。

点击参数上载界面中"是"按钮，执行参数上载指令。界面跳转回"参数下载"界面，此时状态进度条向前移动，当数据下发完毕时，"参数配置上载"后的"●"由红色变为绿色，同时进度条已满，说明参数上载成功，如图 3-22 所示。

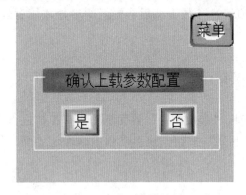

图 3-21　参数上载确认界面

图 3-22　参数上载成功

任务实施

3.2.2.2　航迹编程

AGV 编程操作

点击菜单界面下"航迹编程"菜单，进入航线查询与设置界面，如图 3-23 所示。

A　新增航线

点击"新增航线"按钮，输入正确密码后，进入航线编号录入界面，如图 3-24 所示。

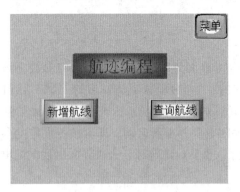

图 3-23　航迹编程界面

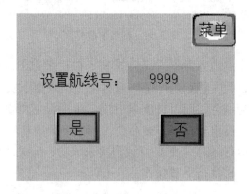

图 3-24　新增航线号设置界面

在"设置航线号"栏中输入要设置的航线号后，点击"是"按钮，进入航线编辑界面，如图 3-25 所示。

（1）卡片编号：记录卡片的序列号。

（2）卡片卡号：点击表中相应位置，录入卡片卡号（取后四位有效数值，例如：卡

图 3-25　航线新增界面

号 0008496370，实际有效 6370）。卡号的录入应该连续，中间不能断开，否则 0 后的卡号，系统判断无效。

（3）运动指令：用于设置卡片的运动控制指令功能。点击"运动指令"进入帮助菜单。指令代码如图 3-26 所示。

运动指令简介	
指令	代码
无效	00
停止	01
暂停	02
切换方向	03
加速	04

图 3-26　运动指令帮助文档

通过阅读帮助信息来选择运动指令信息，查看完毕后点击 ，返回航线编辑界面。

（4）控制指令：用于设置卡片的控制指令功能。点击"控制指令"进入帮助菜单。指令代码如图 3-27 所示。通过阅读帮助信息来选择控制指令信息，查看完毕后点击 ，返回航线编辑界面。

（5）等待时间：用于设置暂停上料或下料的放行延时时间。

（6）适用方向：用于明确该卡片使用的方向，单向或双向。

航线信息设置完成后，点击"下载"按钮，进入航线下载界面，如图 3-28 所示。

点击界面中"是"按钮，执行下载指令。此时状态进度条向前移动，当数据下载完毕时，界面中的" "由红色变为绿色，同时进度条已满，说明航线信息下载完毕。否则更新航迹失败，需重复执行航迹下载。

点击界面中"否"按钮，界面跳转回航线编辑界面。

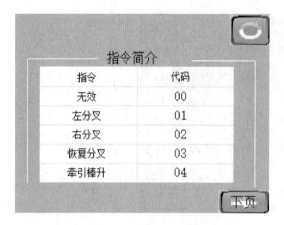

图 3-27　控制指令帮助文档

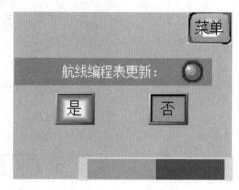

图 3-28　航迹下载界面

AGV 小车航线编程指令见表 3-6。

表 3-6　AGV 小车航线编程指令

运动指令		控制指令	
代码	指令内容	代码	内容
00	无效	00	
01	停车	01	
02	刹车停车	02	
03	暂停	03	
04	刹车暂停	04	顶升升起
05	切换方向	05	顶升降下
06	切换方向	06	
07	定点减速	07	
08	当前速度左分叉	08	
09	高速	09	
10	中速	10	
11	低速	11	
12	左分道（弱）	12	
13	右分道（弱）	13	
14	左分道（强）	14	
15	右分道（强）	15	
16	强制直线行驶	16	
17	分道恢复	17	任务完成信号
18	顺时针 90°后启动	21	到站信号
19	顺时针 90°后换向启动		
20	逆时针 90°后启动		
21	逆时针 90°后换向启动		

B 查询航线

在图 3-23 所示航线编程界面点击"查询航线"按钮，进入航线查询界面，如图 3-29 所示。

在"查询航迹号"栏中输入要查询的航线号后，点击"查询"按钮，系统进入航线查询状态。界面中的"●"由红色变为绿色，同时进度条已满，说明航线查询完毕，此时界面跳转到航线查询界面，页面显示当前查询航迹号的航线信息。显示界面如图 3-30 所示。

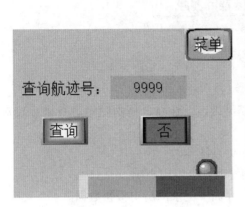

图 3-29 航迹下载完成指示

图 3-30 航迹查询显示界面

（1）删除。点击"删除"按钮，系统进入删除当前查询航线号删除界面，如图 3-31 所示。

点击"是"按钮，进入航线删除执行状态，如图 3-32 所示。

图 3-31 航迹删除提示界面

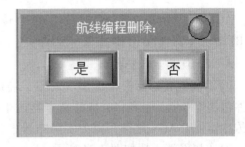

图 3-32 航迹删除完成界面

界面中的"●"由红色变为绿色，同时进度条已满，说明航线删除完毕，点击返回按钮，可观察到航线表中的相关信息被删除。

（2）修改。点击"修改"按钮，界面跳转到航线信息编辑界面中，查找到要更改的位置，将相关的信息重新录入，点击界面中"下载"按钮，将更改后的航线信息重新加载。

3.2.2.3 触摸屏设置

触摸屏设置界面如图 3-33 所示。

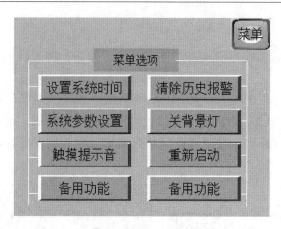

图 3-33　触摸屏设置界面

（1）设置系统时间：用于用户设置时间。

（2）坐标校对：用于校对触摸屏，提高触摸灵敏度。注意，请勿随意进行坐标校对，否则，人机界面无法正常触摸控制。

（3）系统参数设置：用于设置人机界面的相关系统参数。

（4）触摸提示音：用于取消和确认触摸触摸屏时是否发出声响。

（5）清除历史报警：用于清空"历史报警"界面中记录的历史报警数据。

（6）关背景灯：用于关闭人机界面的背景指示灯（再次触摸则背景指示灯亮）。

（7）重新启动：用于重新启动人机界面。

（8）备用功能：尚未开放该功能。

3.2.2.4　AGV RFID 电子标签读取与磁导航装置

AGV RFID 电子标签读取系统由 RFID 读卡器和 RFID 电子标签两个部分组成。AGV 通过 RFID 读卡器读取 RFID 电子标签的卡号，再根据卡号的判读来执行其相对应的功能

A　RFID 读卡器安装

RFID 检测传感器安装在 AGV 尾部，离地高度应在 10~15 mm，但要注意不能用金属部件包裹读卡器，否则将会屏蔽读卡器或干扰读卡器读 RFID 卡的稳定性。由于 RFID 检测传感器位于 AGV 尾部，因此实际布置卡片时，应按照 AGV 尾部所在位置定位卡片位置。ID 卡以及读卡器如图 3-34 所示。

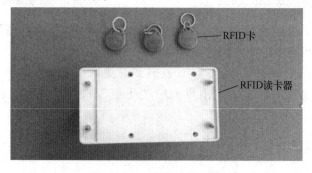

图 3-34　ID 卡以及读卡器

B 贴 RFID 卡的方法与注意事项

两组 RFID 电子标签之间的间距应不小于 500 mm，如图 3-35 所示。

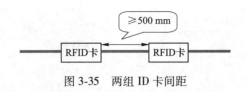

图 3-35 两组 ID 卡间距

左右分叉 RFID 电子标签贴卡处距离分叉转变处约 650 mm，如图 3-36 所示。

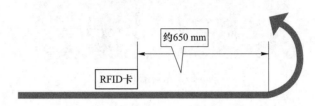

图 3-36 左右分叉 ID 卡间距示意

不要把 RFID 卡贴在金属板上，避免影响读卡器的正常工作。

C 安全规范

a 环境要求

环境温度：−10~50 ℃。

环境湿度：相对湿度不大于 80%（不得结露）。

无直射阳光照射。

地面铁粉、铁末等较少。

无连续性震动及过度撞击。

地面起伏不平度±10 mm（1 m 范围内）。

地面沟槽宽度不能大于 10 mm，断层落差不能大于 5 mm。

场地坡度小于 2%（1 m 范围内）。

环境场地表面干净整洁、无油污、无大颗粒硬物，如螺钉、螺母。

b AGV 安全使用须知

务必确保蓄电池电源正负极性正确，否则会损坏控制元件。

保持地面平整，AGV 在进入停靠区域时禁止人员在车前走动，以免 AGV 读取数据错误，而使执行动作错误。

在检修中，注意不要使电源碰头，防止造成控制系统烧毁。

请勿对驱动机构及控制箱内部做出改动。

请确保磁条铺设时不经过磁场区域或电源线槽。

请确保磁条的完整性，发现有破损磁条时，应及时更换。

禁止在 AGV 驱动"落"的状态下，推行 AGV 走动，以免部件损伤。

3.2.2.5　故障查询

在图 3-14 所示界面点击"故障记录"菜单进入故障查询界面，如图 3-37 所示。

图 3-37　故障查询界面

该界面用于记录 AGV 运行过程发生的相关故障。小车在运行过程中，每发生一次可记录检测的故障后，都会在该表中记录并保存。

📋 思政案例

港珠澳大桥是中国境内的连接香港、广东珠海和澳门的桥隧工程，该项工程 2009 年 12 月开始动工，2018 年 10 月开通运营，全长 55 km，主桥长 29.6 km，桥面设计为双向六车道。港珠澳大桥预计寿命约 120 年，能抵抗 16 级台风，经受 8 级地震，顶住 30 万吨巨轮撞击，堪称"世界最坚强的跨海大桥"。港珠澳大桥的成功印证了一句话："没有中国人建造不了的桥。"我们不仅能建，还能建造出港珠澳大桥这样的桥梁界"珠穆朗玛峰"，它不仅仅体现了我国在桥梁建造方面的实力，更代表着我国综合国力和自主创新能力的提高，还体现出中华民族勇争一流的坚定信念。

📋 任务考核与评价

基于技能学习的多元评价模块，开展多评价主体的课堂全过程考核，实现对学生知识、能力、素养的全方位分析。学生能通过学习分析模块，查看自己的学习变化动态情况。具体量化评价体系见表 3-7。

表 3-7　任务 3.2.2 项目评价量化表

评价内容及所占比重			评价标准			评价系统主体	评价对象
			完成	部分完成	未完成		
诊断性评价（20%）	在线资源自学情况	线上课程自学情况（5%）	5%	1%~4%	0	教师评价	个人
		在线测试情况（10%）	10%	1%~9%	0	系统评价	
		线上论坛参与情况（5%）	5%	1%~4%	0	教师评价	

续表 3-7

评价内容及所占比重			评价标准			评价系统主体	评价对象
			完全规范	规范	不规范		
过程性评价（50%）	职业技能评价（30%）	AGV 小车航迹编程（6%）	6%	1%~5%	0	学生互评、教师评价	小组/个人
		人机交互操作（8%）	8%	1%~7%	0		
		轨道设计与布置（8%）	8%	1%~7%	0		
		运行调试与验证（8%）	8%	1%~7%	0		
	职业素养评价（20%）	防护用品穿戴规范（5%）	5%	1%~4%	0		
		AGV 小车操作规范（5%）	5%	1%~4%	0		
		操作完成后现场整理（5%）	5%	1%~4%	0		
		文明礼貌、团结互助（5%）	5%	1%~4%	0		

评价内容及所占比重			评价标准		评价系统主体	评价对象
			正确合理	不正确、不合理		
结果性评价（30%）	AGV 航迹编程与调试	人机交互操作合理性（8%）	8%	0	多元评价系统、教师评价	个人
		AGV 航迹编程正确性（8%）	8%	0		
		AGV 运行操作规范性（8%）	8%	0		
		实践任务完成度（6%）	6%	0		
小计			100%			

习　题

（1）AGV 小车主要有哪些功能？

（2）AGV 小车主要有哪些类型？

（3）AGV 小车的操作注意事项有哪些？

（4）AGV 小车的编程和程序传输操作如何进行？

（5）AGV 小车的航线管理如何操作？

（6）AGV 小车的 RFID 电子标签设置原则是什么？

项目 4 数字孪生仿真系统

任务 4.1 智能产线数字孪生系统认知

📋 任务介绍

通过智能制造虚实二元实训教学平台的虚拟产线区，了解智能产线数字孪生仿真系统的组成与网络构架，认知数字孪生虚拟调试软件 PQFactory 的功能与应用。

⊕ 知识目标

能够分析智能产线数字孪生仿真系统的组成与网络构架，阐述数字孪生虚拟调试软件 PQFactory 的功能。

☑ 技能目标

能够安装并使用数字孪生虚拟调试软件 PQFactory，掌握基本功能模块。

A+ 素养目标

具备严谨、规范、细致的职业习惯和精益求精的职业追求。

📝 任务描述

通过智能制造虚实二元实训教学平台的虚拟产线区，了解数字孪生的概念与应用，了解智能产线数字孪生仿真系统的组成及网络构架，认知数字孪生虚拟调试软件 PQFactory 的功能与应用。

📋 任务分析

通过虚实二元融合学习，拓展数字孪生相关知识技能。

📑 相关知识

4.1.1 数字孪生系统概念

数字孪生又称"数字双胞胎"，是将工业产品、制造系统、城市等复杂物理系统的结构、状态、行为、功能和性能映射到数字化的虚拟世界，通过实时传感、连接映射、精确分析与沉浸交互来刻画、预测和控制物理系统，实现复杂系统虚实融合，使系统全要素、全过程、全价值链达到最大限度的闭环优化。

近年来，数字孪生技术受到国内外产业界与学术界的高度重视。中国工程院发布的

《全球工程前沿 2020》报告将数字孪生驱动的智能制造列为机械与运载工程领域研究前沿之首。

数字孪生是建立现实世界物理系统的虚拟数字镜像，贯穿于物理系统的全生命周期，并随着物理系统动态演化。建立数字孪生的基本思路是，在对物理系统进行数字化精确建模和状态信息实时传感的基础上，建立传感数据与数字化模型的连接映射，使得数字化模型能够实时、真实反映物理系统在现实世界的行为，并通过人工智能算法实现对系统当前状态的精确分析和未来状态的科学预测。值得注意的是，在现有的技术手段下，数字孪生还无法做到对复杂物理系统的全息复制，往往是对物理系统关键信息的局部复制。

4.1.2　数字孪生系统应用领域

近年来，随着 5G、物联网、云计算、大数据、人工智能和混合现实等新一代信息技术的发展，数字孪生在理论层面和应用层面均取得了快速发展。数字孪生与产业技术的深度融合，有力推动了相关产业数字化、网络化和智能化的发展进程，正成为产业转型升级的强大推动力。

在工业产品研发领域，通过构建工业产品与装备的数字孪生，可以实现产品装备的服役监测和健康管理。在生产制造领域，通过数字孪生，在建设实体工厂的同时在电脑上构建一个虚拟工厂，把实体工厂的每个车间、每条流水线、每台设备、每个生产动作都映射在虚拟工厂上。在生产过程中，通过数字孪生实时监控实体工厂的生产状态，及时发现生产瓶颈，优化车间生产调度，从而提高工厂的生产效率和管控水平。基于数字孪生的智能工厂，将成为未来工厂的重要发展趋势。在城市管理领域，通过构建城市的数字孪生，可以实现城市全景可视化和动态智能管理。例如，通过数字孪生对城市交通数据进行实时分析，可精准预测城市交通拥堵的关键节点，进而提前进行交通管制，缓解交通压力。未来的城市，将建立在数字孪生的基础上，具备自主学习的能力，演变为具有高度智慧的城市新形态。

除了上述领域之外，智慧医疗、智慧物流、智慧农业以及安全应急等众多行业领域都在大力发展数字孪生技术，数字孪生应用场景非常广阔。

4.1.3　数字孪生系统介绍

数字孪生仿真系统由真实的 PLC 控制箱、高性能的 PC、内置有 PQFactory 数字孪生虚拟调试软件、MES 系统等构成。利用设计类软件完成机械、电气方案设计，之后完成 PLC、机器人等离线编程，然后导入 PQFactory 中进行数字孪生虚拟调试，并利用 MES 信息化管控，最终实现从生产管理端 MES 系统自定义下发生产任务到 PLC 控制箱，经过 PLC 控制箱系统逻辑处理把真实的控制信号传递给 PQFactory，进行应用场景的虚拟仿真。PQFactory 仿真系统根据相应场景信息在系统做仿真生产流程，同时将执行完的结果信号传递给 PLC 控制箱，MES 系统实时采集 PLC 数据变量，跟踪场景信息，通过采集的生产数据在 MES 系统中做数据存储、分析、可视化界面展示。

PQFactory 软件旨在为广大用户提供前所未有的强大产线设计与调试体验，其整体功能和特点为：

（1）在产线设计阶段，重构显示逻辑，支持百万级数据和场景实时仿真，提供智能产线专用在线库，打通设计与供应链环节。

（2）在产线调试阶段，PQFactory 支持智能产线中各种主流设备的仿真，包括 PLC、机器人、传感器、模组、变位机、导轨、传送带等；通过 Python 扩展，可对任何伺服控制系统进行编程仿真，通过开放的调试接口，可调试产线中的人工智能模块。

任务实施

4.1.4　数字孪生虚拟调试软件 PQFactory

4.1.4.1　软件操作界面认知

数字孪生虚拟调试软件 PQFactory 界面主要分为功能面板、绘图区、标签页、机器人加工面板等部分，如图 4-1 所示。

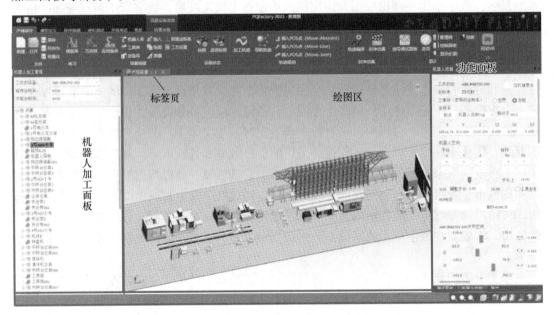

图 4-1　PQFactory 软件操作界面示意图

（1）软件标题：显示软件的名称、账号权限、剩余时间等信息。

（2）功能面板：涵盖了 PQFactory 的基本功能，如场景搭建、基础编程、自定义等，是最常用的功能栏。

（3）绘图区：用于场景搭建、轨迹的添加和编辑等。

（4）标签页：支持多标签页，标签页的名称就是打开文件的名称。

（5）机器人加工管理面板：由六大元素节点组成，包括场景、零件、工件坐标系、外部工具、快换工具以及机器人等，通过面板中的树形结构可以轻松查看并管理机器人、工具和零件等对象的各种操作。

（6）机器人控制面板：控制机器人六个轴和关节的运动，调整其姿态，显示坐标信息，读取机器人的关节值，以及使机器人回到机械零点等。

（7）调试面板：方便查看并调整机器人姿态、编辑轨迹点特征。

（8）输出面板：显示机器人执行的动作、指令、事件和轨迹点的状态。

（9）信号调试面板：显示虚拟环境各种虚拟设备设定的 IO 信号。

（10）状态栏：包括功能提示、模型绘制样式、渲染方式、视向等功能。

4.1.4.2　软件操作实践

（1）文件。文件菜单栏如图 4-2 所示。

1）打开：打开已存在的工程文件。

2）保存：保存当前工程文件到指定位置。若是已有保存记录的文件，默认保存到原位置。

3）另存为：将当前文件另存到指定位置。

（2）场景搭建。场景搭建菜单栏如图 4-3 所示。

图 4-2　文件菜单栏　　　　　　　　　　图 4-3　场景搭建菜单栏

1）机器人库：用于导入官方提供的机器人。

2）工具库：用于导入官方提供的工具。

3）设备库：用于导入官方提供的零件、底座、状态机等。

4）输入：支持多种格式的文件导入 PQFactory 环境中。

5）生成轨迹：通过多种方式拾取模型上的特征生成轨迹。

此处采用输入方式导入产线模型到场景中，在绘图区进行虚拟产线的搭建。

（3）工具。辅助轨迹设计的实用工具，如图 4-4 所示。

图 4-4　工具菜单栏

1）万向球：用于工作场景的搭建、轨迹点编辑、自定义机器人、零件工具等的定位，如图 4-5 所示。

2）测量：对场景内模型的点、线、面的间距、口径和角度的测量。

3）新建坐标系：用于自定义新的工件坐标系。

（4）显示。显示菜单栏如图 4-6 所示。

1）信号调试面板：显示工程文件内所有 PLC 地址信号的状态。

图 4-5　万向球　　　　　　　　　　　图 4-6　显示菜单栏

2）选项：控制轨迹点、轨迹点姿态和序号、轨迹线、轨迹间连接线、TCP 等的显示和隐藏。

3）管理树：控制机器人加工管理面板的显示或隐藏。

4）控制面板：控制机器人控制面板、调试面板和输出面板的显示或隐藏。

5）显示全部：将绘图区中隐藏的模型对象全部显示出来。

（5）模型。PQFactory 支持但不限于自定义机器人、运动机构、工具、零件、底座以及后置，用户可以依据需求开发其他自定义功能。模型菜单栏如图 4-7 所示。

图 4-7　模型菜单栏

1）输入：软件支持多种不同格式的模型文件，如图 4-8 所示。图 4-8 涵盖了众多市场上流行的 3D 绘图软件所制作的模型格式。

2）定义机器人：定义通用六轴机器人、非球形机器人、SCARA 四轴机器人。

3）定义连续机构：定义 1~N 轴的运动机构。

4）导入机器人：导入自定义好的机器人，支持的文件格式为 robr。

5）定义状态机构：将各种格式的 CAD 模型定义为 robm 格式的状态机。

Alias Mesh (*.obj)
BREP format (*.brep *.brp)
Binary Mesh (*.bms)
IGES format (*.iges *.igs)
Inventor V2.1 (*.iv)
Object File Format Mesh (*.off)
STEP with colors (*.step *.stp)
STL Mesh (*.stl *.ast)
Stanford Triangle Mesh (*.ply)
VRML V2.0 (*.wrl *.vrml *.wrz *.wrl.gz)

图 4-8　PQFactory 支持的软件格式

6）定义工具：定义法兰工具、快换工具、外部工具。

7）导入工具：导入自定好的工具。

8）定义零件：将各种格式的 CAD 模型定义为 robp 格式的零件。

9）导入零件：导入自定义好的零件。

10）设置传感器：用户将零件设置为传感器，关联 PLC 地址。

（6）程序。程序编辑模块实现了对设计环境下机器人轨迹的后置代码同步导入、指令编辑、指令添加、代码调试和编译仿真、程序导出等一系列功能。程序菜单栏如图 4-9 所示。

图 4-9　程序菜单栏

程序编辑模块，目前支持：

1）直接将设计环境下的轨迹代码同步过来；

2）直接导入 ABB 的 mod、KUKA 的 dat 和 src 后置格式文件；

3）直接插入 ABB 和 KUKA 的一些常用的运动、控制、IO、运算等指令；

4）对 ABB（注意：需手工增加 main（）函数，才能运行仿真）、KUKA 机器人后置代码进行编译、同步仿真；

5）后置代码的输出或网线直连控制柜（仅限于 ABB 工业机器人的后置代码）。

（7）连接。连接菜单栏如图 4-10 所示。

1）连接 PLC：以组态网为中介，连接 PLC 进行通信，进行虚拟仿真调试。

2）断开 PLC：断开与 PLC 的连接（实际是断开与组态网的链接）。

3）地址匹配：将软件地址端口与 PLC 地址关联，可以对端口添加注释。

4）机器人变量表：定义和编辑机器人变量，将变量关联地址。

（8）帮助。帮助菜单栏如图 4-11 所示。

图 4-10　连接菜单栏

图 4-11　帮助菜单栏

1）帮助：提供与 PQFactory 相关的学习视频和文档。

2）关于：介绍 PQFactory 版本号及账号的相关信息。

（9）绘图区。绘图区为软件界面中心区域，用于场景搭建和轨迹的添加、显示和编辑等。导入的对象和对对象的各种操作，只要没有选择隐藏的，都会显示在绘图区中。

绘图区

左下角的坐标系为绝对坐标轴（世界坐标系的方位指示器），它的 X、Y、Z 三个轴的朝向与世界坐标系保持一致。

（10）机器人加工管理面板。机器人加工管理面板主要是全局浏览软件中的所有模型、参考坐标系和轨迹、后置程序，使所有目标对象方便管理、简便操作以及直观清晰地查看。管理面板如图 4-12 所示。其位于软件界面左侧。面板下挂有 9 个节点，包括场景、零件、坐标系、外部工具、快换工具、底座、状态机、机器人（或机构）以及工作单元等。机器人下还有工具、底座、轨迹和程序等子节点。点开⊞可以查看条目下的子节点；点击

└┈收起子节点列表。

　　一般来说，每个子节点的右键菜单中都包括了该对象的所有操作，可以快捷方便地执行多种指令。如"程序"下的子节点"RaMain"，右键菜单中包含了多种功能指令，如图 4-13 所示。

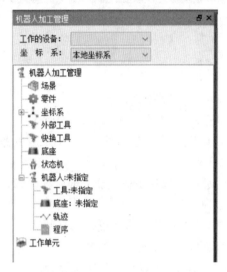

图 4-12　机器人加工管理面板

图 4-13　"程序"树形图

　　（11）机器人控制面板。此面板控制机器人的关节运动，调整其姿态，读取机器人的关节值，以及使机器人回到机械零点。控制面板如图 4-14 所示，其位于软件界面右侧。

　　机器人控制面板分为机器人空间和关节空间两个部分。

　　1）机器人空间：模拟示教器控制机器人，如图 4-15 所示。

　　①平移：利用 ┃ ＋ ┃ 和 ┃ － ┃ 控制机器人向 X（前后）、Y（左右）、Z（上下）等方向平移。

　　②旋转：利用 ┃ ＋ ┃ 和 ┃ － ┃ 控制机器人以 X、Y、Z 三个方向为中心的旋转。

　　③工具坐标系：以工具坐标系的原点来确定机器人的位置。

　　④调整步长：这里的步长指的是机器人平移/旋转运动幅度的大小，从 0.01 到 10.00 幅度依次加大。

　　⑤坐标表示：根据机器人品牌来确定坐标用四元数还是欧拉角来表示。ABB 机器用四元数表示，其他品牌机器人一般用欧拉角表示。

　　2）关节空间：关节空间界面如图 4-16 所示。

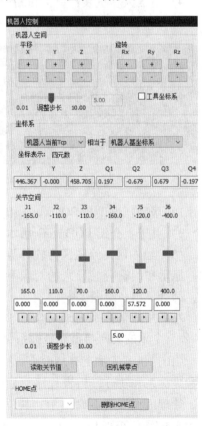

图 4-14　机器人控制面板

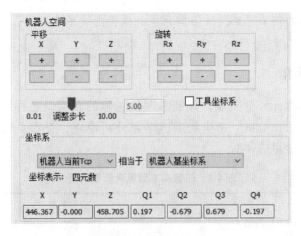

图 4-15　机器人空间

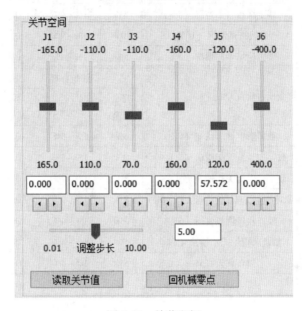

图 4-16　关节空间

① 上下移动调整机器人的关节角度值，具体数值显示在 0.000 中。

其中，±170、−65～150 等为六个轴的活动范围。 减小或增大某个轴的关节角，数值改变间隔即为步长。例如，设定步长为 5.00，J1 的关节角度初始值为 90。点击 增加关节角，则数值会变为 95。

②回机械零点：恢复机器人出厂时的初始姿态。

📋 思政案例

高职院校毕业的学生朱佳龙，因在全国技能大赛的出色表现，进入浙江省一家知名企业工作。在工作过程中，他攻坚克难，代表企业参加省数控技能大赛，取得了第一名的好成绩，他在比赛时采用的操作方法还被评为了杭州市先进操作方法。朱佳龙说，劳动创造梦想，就是要通过努力使自己成为一名知识型、技能型的产业工人，为企业、国家装备制造业的进步贡献一份力量。

任务考核与评价

基于技能学习的多元评价模块，开展多评价主体的课堂全过程考核，实现对学生知识、能力、素养的全方位分析。学生能通过学习分析模块，查看自己的学习变化动态情况。具体量化评价体系见表 4-1。

表 4-1　任务 4.1 项目评价量化表

评价内容及所占比重		评价标准			评价系统主体	评价对象
		完成	部分完成	未完成		
诊断性评价（20%）	在线资源自学情况	线上课程自学情况（5%）	5%	1%~4%	0	教师评价	个人
		在线测试情况（10%）	10%	1%~9%	0	系统评价	
		线上论坛参与情况（5%）	5%	1%~4%	0	教师评价	

评价内容及所占比重		评价标准			评价系统主体	评价对象
		完全规范	规范	不规范		
过程性评价（50%）	职业技能评价（30%）	数字孪生概念认知（6%）	6%	1%~5%	0	学生互评、教师评价	小组/个人
		数字孪生系统架构认知（8%）	8%	1%~7%	0		
		数字孪生相关软件安装（8%）	8%	1%~7%	0		
		数字孪生仿真软件功能认知（8%）	8%	1%~7%	0		
	职业素养评价（20%）	操作软件规范使用（5%）	5%	1%~4%	0		
		精益求精的工作精神（5%）	5%	1%~4%	0		
		创新意识（5%）	5%	1%~4%	0		
		团队精神（5%）	5%	1%~4%	0		

评价内容及所占比重		评价标准		评价系统主体	评价对象
		正确合理	不正确、不合理		
结果性评价（30%）	机器人编程与操作	数字孪生系统认知（8%）	8%	0	多元评价系统、教师评价	个人
		数字孪生概念认识正确性（8%）	8%	0		
		数字孪生软件操作规范性（8%）	8%	0		
		实践任务完成度（6%）	6%	0		
小计		100%				

 习　题

（1）谈一谈你对数字孪生概念的认知和应用情况的了解。

（2）数字孪生仿真软件 PQFactory 的主要功能有哪些？

任务 4.2 智能产线数字孪生仿真系统

📋 任务介绍

本任务需应用数字孪生虚拟调试软件 PQFactory，对照实际智能制造产线，搭建数字孪生产线系统，对系统进行工具定义，并添加和调节相关的 TCP 位置；梳理产线运行中的工业机器人、AGV 小车及加工设备的运行过程中的逻辑事件，并进行事件添加设置，运行仿真验证，与实际运行需求对照分析。

◈ 知识目标

掌握数字孪生仿真系统的产线搭建与仿真设置方法。

📋 技能目标

掌握实际产线加工运行过程中各设备的运行情况，具备虚拟仿真设置及运行验证的能力。

A+ 素养目标

培养工程技术上的创新精神，增强科技自信，厚植家国情怀。

4.2.1 智能产线数字孪生仿真系统搭建

📝 任务描述

应用数字孪生虚拟调试软件 PQFactory，对照实际智能制造产线，如图 4-17 所示，搭建数字孪生产线系统，对系统进行工具定义，并添加和调节相关的 TCP 位置。

图 4-17 所需搭建的实体智能制造产线区全景

📝 任务分析

现实和虚拟的二元对照，完成数字智能制造产线的搭建，如图 4-18 所示，为进一步完成仿真与映射做准备。

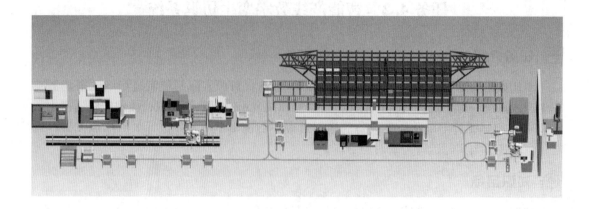

图 4-18　软件内搭建完成的产线系统全景

相关知识

系统在搭建过程中，需要应用 PQFactory 软件的辅助轨迹设计的实用工具三维万向球、自定义工具等。

4.2.1.1　三维万向球的使用

三维万向球是一个强大而灵活的三维空间定位工具，它可以通过平移、旋转和其他复杂的三维空间变换精确定位任何一个三维物体。

A　三维万向球的结构

默认状态下，三维万向球的形状如图 4-19 所示。

（1）中心点。中心点主要用来进行点到点的移动。使用方法是在三维万向球处右击鼠标，然后从弹出的菜单（见图 4-20）中选择"到中心点"。

（2）平移轴。平移轴主要有两种用法：一是拖动轴，使轴线对准另一个位置进行平移；二是右击鼠标，然后从弹出的菜单（见图 4-21）中选择一个项目进行定向。

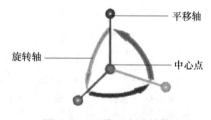

图 4-19　三维万向球结构

（3）旋转轴。旋转轴主要有两种用法：一是选中轴后，可以围绕一条从视点延伸到三维万向球中心的虚拟轴线旋转；二是右击鼠标，然后从弹出的菜单中选择一个项目进行定向。

B　三维万向球的状态

使用三维万向球时，必须先选中三维模型，将三维万向球激活。默认的三维万向球图标是灰色的，可移动到不同位置；激活后的三维万向球是彩色的，可拖动并调节方向。

图 4-20　中心点菜单　　　　图 4-21　平移轴右键菜单

三维万向球有三种颜色：默认颜色（X、Y、Z 三个轴对应的颜色分别是红、绿、蓝）、白色和黄色。三维万向球与附着元素的关联关系，通过键盘空格键来转换。

（1）默认颜色：三维万向球与物体关联，三维万向球动，物体会跟着三维万向球一起动。

（2）白色：三维万向球与物体互不关联，三维万向球动，物体不动。三维万向球为默认颜色时按下空格键，则三维万向球会变白。变白后，移动三维万向球时附着元素不动。

（3）黄色：表示该轴已被固定（约束），三维物体只能在该轴的方向上进行定位。

4.2.1.2　自定义工具

为了适应各种工况需求，PQFactory 支持用于法兰装夹、快换、外部工具等多种自定义工具方式，并支持工具的多姿态定义。

机器人工作时所使用的器具，PQFactory 支持的格式为 robt，工具分为法兰工具、快换工具和外部工具三类。

法兰工具与机器人法兰盘的相接点，也可理解为法兰工具的安装点，简称 FL。

工具侧用的一端需要与机器人侧用相接，相接处为安装点、抓取点，简称 CP。

工具中心点（TCP），指工具工作时的位置。

场景搭建

定义工具与安装

添加零件

放托盘

任务实施

新建文件初始画面

4.2.1.3　智能制造数字孪生产线搭建

（1）打开软件，点击新建按钮，新建文件，如图 4-22 所示。

（2）导入模型至场景。

1）点击"输入"，找到模型所在文件夹，如图 4-23 所示。

2）选择模型导入场景中。

以智能产线搭建为例，导入后位置并不会和理性状态中的一致，如图 4-24 所示，需要通过三维万向球来移动模型到合理位置，确保场景内的模型都在同一个平面。

建立空白界面

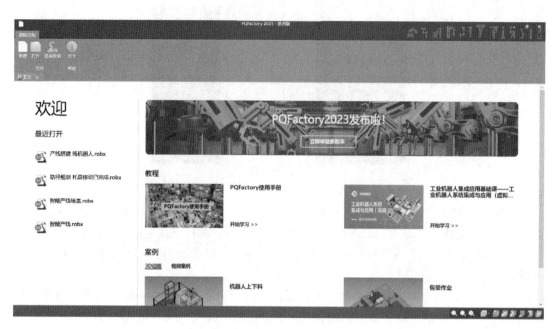

图 4-22　软件打开界面

输入模型
操作

图 4-23　输入操作按钮

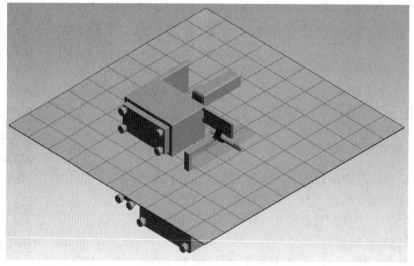

显示三维万向球

图 4-24　模型导入后在界面的显示图

①选中场景下的模型，点击"三维万向球"，此时三维万向球的图标就会显示在模型的一个位置。

②拖动三维万向球的坐标来实现模型的移动，也可在数据框内直接输入数据，如图 4-25所示。

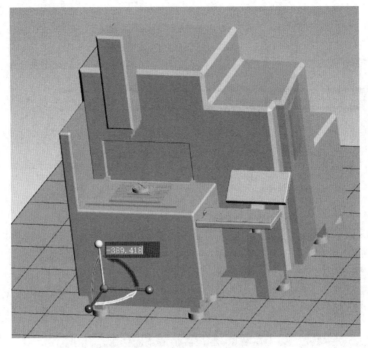

图 4-25　移动模型至合理位置

③模型与地面平行则完成移动，其他模型的导入和移动方法一致，如图 4-26 所示。

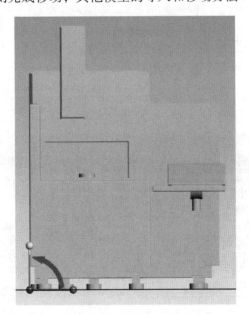

图 4-26　模型最终位置

④按照上述方式，完成整个智能产线搭建，产线搭建最终效果如图 4-27 所示。

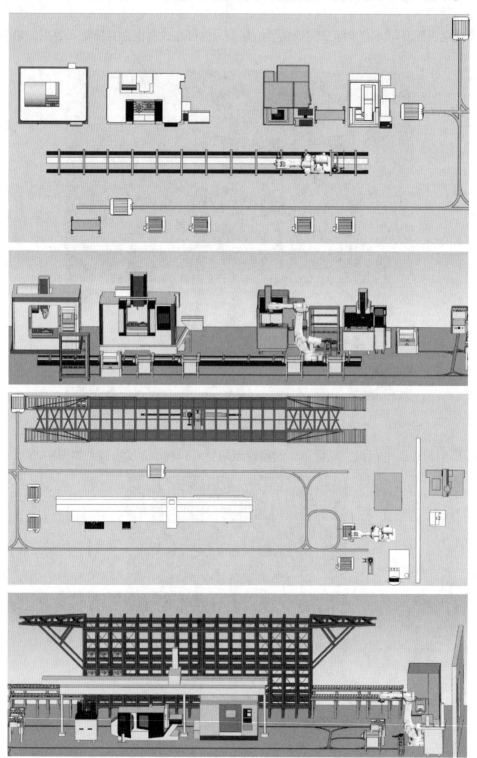

图 4-27　智能产线其他单元搭建效果图

4.2.1.4　定义工具实例

以法兰工具为例，该类工具一端需要安装到法兰盘上，需添加一个 FL 点；另一端加工工件，需添加至少一个 TCP 点，如图 4-28 所示。

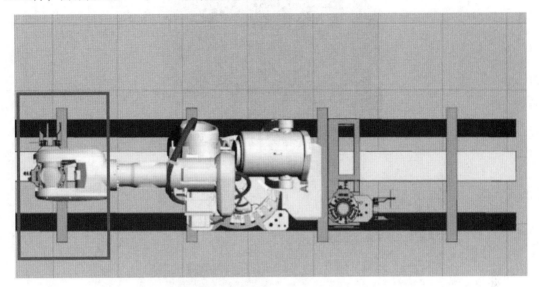

图 4-28　机器人端已安装工具

（1）选择需要定义成工具的场景模型，如图 4-29 所示。

图 4-29　定义工具按钮

（2）根据需要选择工具类型，再根据工具设置提示图片，添加 FL、CP、TCP 等坐标。

1）添加点 FL。FL 是和机器人法兰盘相连接的点（图 4-30 中白线的位置是此工具和机器人法兰盘相连接处），按下列步骤编辑好 FL 点后，工具就能安装到法兰盘上了。

①点击"定义工具"，弹出"定义工具"窗口，如图 4-31 所示。

②选择"工具类型"为"法兰工具"。

③点击 ✚FL ，工具附近会弹出三维万向球，通过三维万向球来调整点 FL。

注意：这里的三维万向球只会改变 FL 点的位置，不与工件关联。

快换工具和外部工具也适用于该说明。

2）添加点 TCP。TCP 是工具中心点，即工具工作的点。只有添加了 TCP，工具才能加工工件。

图 4-30　点 FL 位置

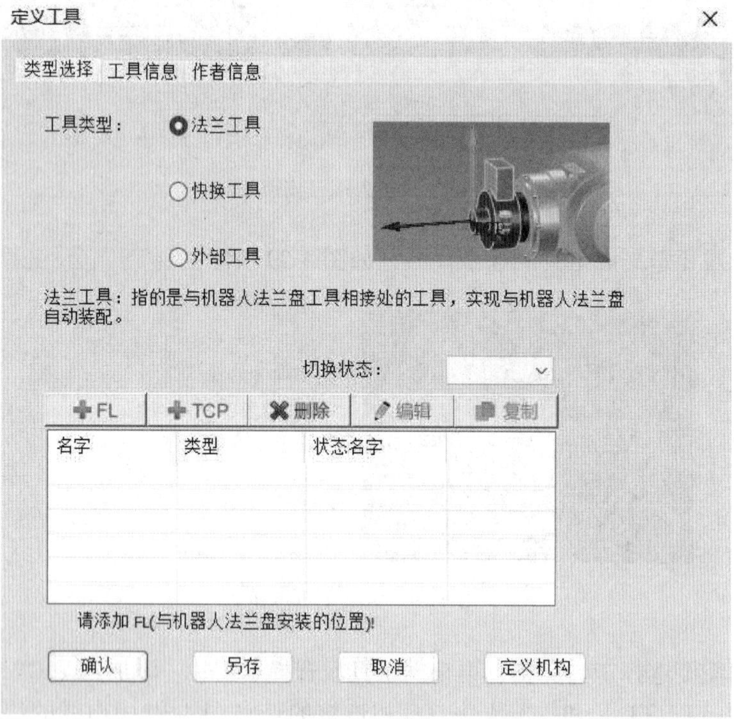

图 4-31　定义工具界面

　　在定义工具窗口中，选择 ＋TCP ，因为要将 TCP 安装在工具中心点处，所以要调整 TCP 的位置，用三维万向球进行调整，如图 4-32 所示。

　　FL、TCP 等坐标系设置注意要点。

　　（1）定义工具设置 FL 和 TCP 的位置时，三维万向球不需要在白色状态下移动。这里的三维万向球只会改变 FL 点的位置，不与工件关联。

　　（2）三维万向球在蓝色状态下，操作三维万向球时，只有 FL 点会移动，工具不会

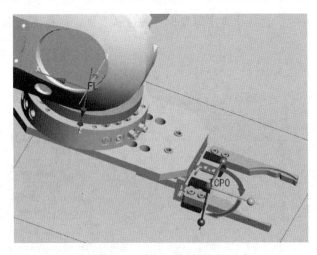

图 4-32　调整 TCP 的位姿

动。用三维万向球调整 FL 和 TCP 的位置和姿态，只要最后能够使得二者都在工具中心点即可，调整过程可多样。但要注意 FL 坐标系的方向。FL 位置更改如图 4-33 所示。

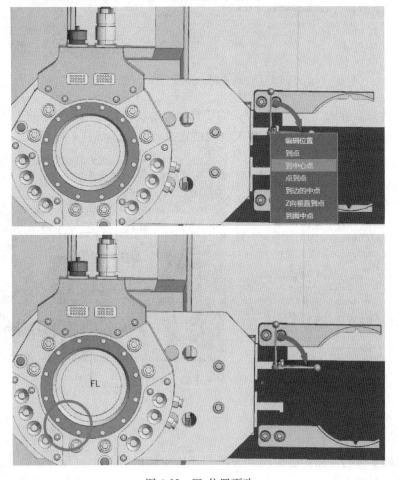

图 4-33　FL 位置更改

（3）定义好工具后，会自动跳出需要保存的位置界面，根据需要选择保存位置，如图4-34所示。

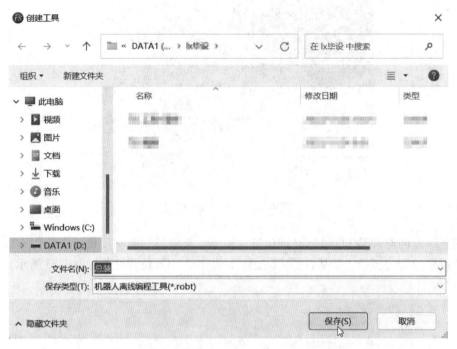

图4-34　保存工具

（4）保存好后导入工具，此时定义的工具类型处就会显示出定义好的工具。选中需要安装工具的机器人，导入工具并调整工具的位置或者方向，如图4-35所示。

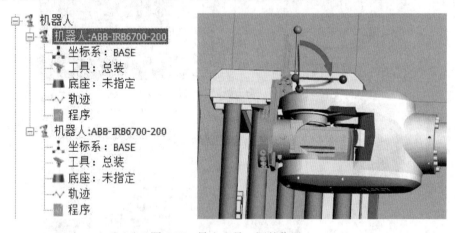

图4-35　导入工具、调整位置

任务考核与评价

基于技能学习的多元评价模块，开展多评价主体的课堂全过程考核，实现对学生知识、能力、素养的全方位分析。学生能通过学习分析模块，查看自己的学习变化动态情况。具体量化评价体系见表 4-2。

表 4-2 任务 4.2.1 项目评价量化表

评价内容及所占比重			评价标准			评价系统主体	评价对象
			完成	部分完成	未完成		
诊断性评价（20%）	在线资源自学情况	线上课程自学情况（5%）	5%	1%~4%	0	教师评价	个人
		在线测试情况（10%）	10%	1%~9%	0	系统评价	
		线上论坛参与情况（5%）	5%	1%~4%	0	教师评价	

评价内容及所占比重			评价标准			评价系统主体	评价对象
			完全规范	规范	不规范		
过程性评价（50%）	职业技能评价（30%）	数字孪生仿真软件基本操作（6%）	6%	1%~5%	0	学生互评、教师评价	小组/个人
		数字孪生仿真软件的场景搭建操作（8%）	8%	1%~7%	0		
		系统工具定义设置（8%）	8%	1%~7%	0		
		保存及调用情况验证（8%）	8%	1%~7%	0		
	职业素养评价（20%）	岗位素养规范（5%）	5%	1%~4%	0		
		软件操作规范（5%）	5%	1%~4%	0		
		操作完成后现场整理（5%）	5%	1%~4%	0		
		文明礼貌、团结互助（5%）	5%	1%~4%	0		

评价内容及所占比重			评价标准		评价系统主体	评价对象
			正确合理	不正确、不合理		
结果性评价（30%）	机器人编程与操作	场景搭建完整性（8%）	8%	0	多元评价系统、教师评价	个人
		工具设置正确性（8%）	8%	0		
		软件操作规范性（8%）	8%	0		
		实践任务完成度（6%）	6%	0		
小计			100%			

4.2.2 智能产线数字孪生仿真系统运行调试

📝 任务描述

利用数字孪生虚拟调试软件 PQFactory 中搭建完成的虚拟产线区，对照实际智能制造产线生产任务，梳理产线运行中的工业机器人、AGV 小车及加工设备运行过程中的逻辑事件，并进行事件添加设置，运行仿真验证，与实际运行需求分析对照。

📋 任务分析

通过虚实二元结合的实践学习，掌握实际产线加工运行过程中各设备的运行情况，提升智能制造实际生产任务中虚拟仿真设置与运行验证的能力。

📑 **相关知识**

1号小车
轨迹点添加

2号、3号小车
轨迹点添加

4.2.2.1　AGV 小车移动设计点添加

（1）将需要移动的场景模型定义成零件，如图 4-36 所示。

（2）选择需要移动的零件，在移动的路线上插入 POS 点。
零件的 POS 点指的是驱动点，也就是驱动零件移动的点。移
动零件时，在初始位置插入 POS 点 1，之后利用三维万向球将
零件定位到目标位置，在目标位置插入 POS 点 2，如图 4-37 所
示。插入两个 POS 点后，零件便会生成移动轨迹。插入的 POS
点被视为轨迹点，POS 点的右键菜单中包含了诸多与轨迹点相
同的操作指令。右击零件，选择下拉菜单中的"插入 POS

4号小车
轨迹点添加

AGV 小车
运动轨迹

点"，之后就可以在机器人加工管理面板中看到插入驱动点的特征。相同轨迹但方向不同，
可直接复制轨迹调整顺序，也可按轨迹方向，均可实现目的。

图 4-36　定义零件

图 4-37　插入 POS 点

（3）通过时序仿真或者仿真轨迹组来验证零件运动轨迹的合理性（每移动到一个点位就添加一个点，通过三维万向球进行移动），如图 4-38 所示。

图 4-38　仿真轨迹

（4）根据移动速度在调整面板调整所需点位的指令、线速度和速度百分比，如图 4-39所示。

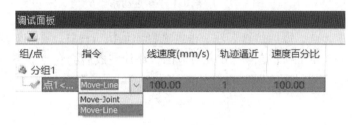

图 4-39　调试面板

4.2.2.2　AGV 小车搬运零件架过程逻辑事件添加

（1）1 号 AGV 小车搬运逻辑如图 4-40 所示。

1 号小车搬运逻辑添加　　2 号小车搬运逻辑添加　　3 号、4 号小车搬运逻辑添加

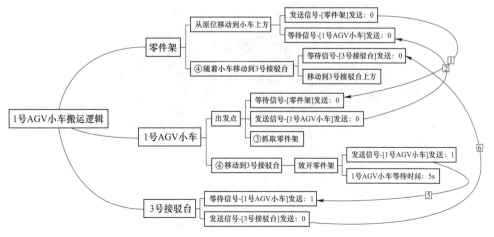

图 4-40　1 号 AGV 小车搬运逻辑

生成运动轨迹路径如图 4-41 所示。

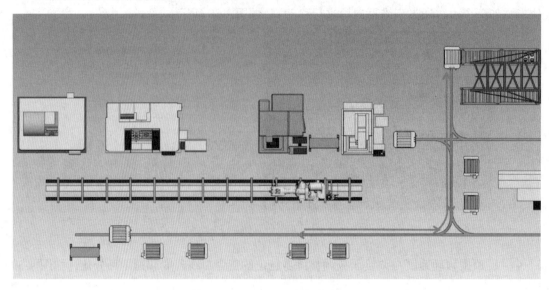

图 4-41　1 号 AGV 小车运动路径

1 号 AGV 小车起点，添加仿真事件。根据选择添加执行设备，在相对应的点上添加事件。发送时间和等待事件两个信号是相互对应的，添加完成后会在点的下方出现指令，如图 4-42 所示。添加完成时间如图 4-43 所示。

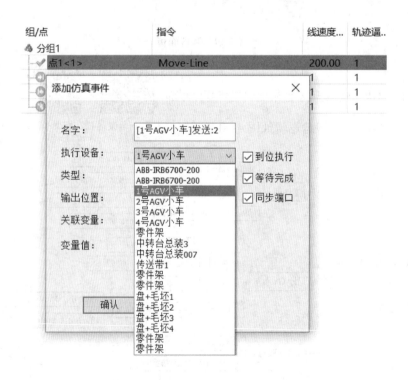

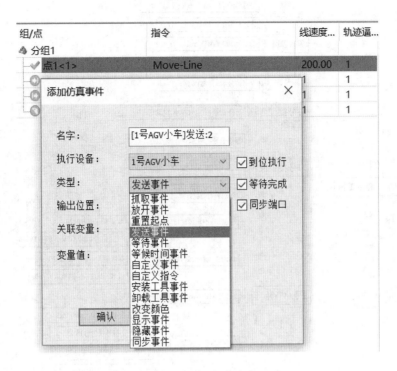

图 4-42　添加仿真事件

组/点	指令	线速度...	轨迹逼...
🐣 分组1			
✔ 点1<1>	Move-Line	200.00	1
等待	等待<[零件架]发送:0>:0	1	1
发送	[1号AGV小车]发送:0	1	1
[1号AGV小车]抓取	[1号AGV小车]抓取<零件架>:0	1	1

组/点	指令	线速度...	轨迹逼...
🐣 分组1			
✔ 点1<1>	Move-Line	100.00	1
[1号AGV小车]放开	[1号AGV小车]放开<零件架>:0	1	1
发送	[1号AGV小车]发送:1	1	1
等待时间(s)	[1号AGV小车]等待时间(s):5:0	5	5

图 4-43　部分点的仿真事件

（2）2 号 AGV 小车搬运逻辑如图 4-44 所示。

（3）4 号 AGV 小车搬运逻辑如图 4-45 所示。

生成运动轨迹路径如图 4-46 所示。

4 号小车运动过程中的部分零件逻辑如图 4-47~图 4-50 所示。

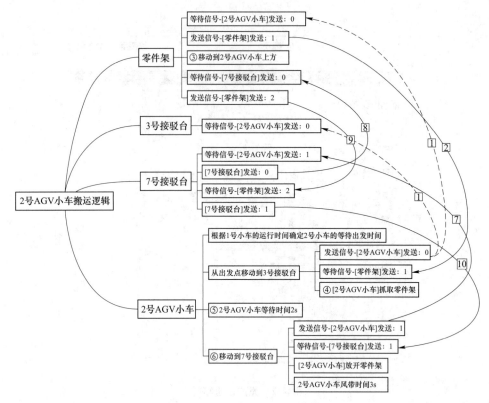

图 4-44　2 号 AGV 小车搬运逻辑

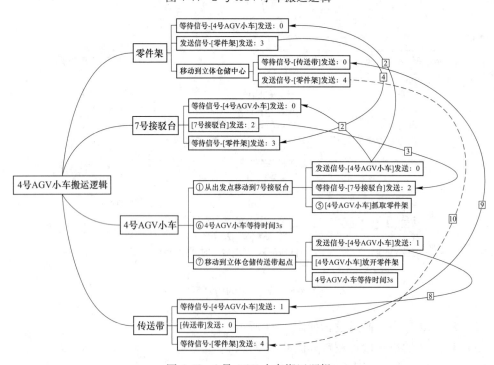

图 4-45　4 号 AGV 小车搬运逻辑

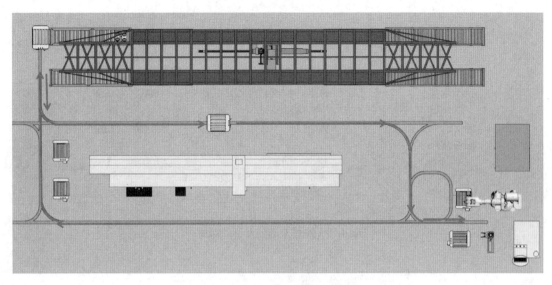

图 4-46　4 号 AGV 小车运动路径

组/点	指令	线速度...	轨迹逼.
⚓ 分组1			
✔ 点1<1>	Move-Line	100.00	1
🕐 发送	[4号AGV小车]发送:0	0.00	0.00
🕐 等待	等待<[中转台总装007]发送:2>:0	1	1
🕐 [4号AGV小车]抓取	[4号AGV小车]抓取<零件架>:0	1	1
🕐 等待时间(s)	[4号AGV小车]等待时间(s):3:0	3	3

图 4-47　4 号 AGV 小车事件添加

组/点	指令	线速度...	轨迹逼.
⚓ 分组1			
✔ 点1<1>	Move-Line	100.00	1
🕐 等待	等待<[4号AGV小车]发送:1>:0	1	1
🕐 发送	[传送带1]发送:0	1	1
🕐 等待	等待<[零件架]发送:4>:0	1	1

图 4-48　传送带事件添加

组/点	指令	线速度...	轨迹逼.
⚓ 分组1			
✔ 点1<1>	Move-Line	100.00	1
🕐 等待	等待<[2号AGV小车]发送:1>:0	1	1
🕐 发送	[中转台总装007]发送:0	1	1
🕐 等待	等待<[零件架]发送:2>:0	1	1
🕐 发送	[中转台总装007]发送:1	1	1
🕐 等待	等待<[4号AGV小车]发送:0>:0	1	1
🕐 发送	[中转台总装007]发送:2	1	1
🕐 等待	等待<[零件架]发送:3>:0	1	1

图 4-49　接驳台事件添加

组/点	指令	线速度...	轨迹逼...
♨ 分组1			
✔ 点1<1>	Move-Line	100.00	1
⏱ 等待	等待<[中转台总装007]发送:0>:1	0.00	0.00
📤 发送	[零件架]发送:2	1	1

组/点	指令	线速度...	轨迹逼...
♨ 分组1			
✔ 点1<1>	Move-Line	100.00	1
⏱ 等待	等待<[4号AGV小车]发送:0>:1	1	1
📤 发送	[零件架]发送:3	1	1

图 4-50　零件架部分点事件添加

1 号小车	2 号小车	3 号小车	4 号小车	小车的所有
运动轨迹仿真	运动轨迹仿真	运动轨迹仿真	运动轨迹仿真	运动轨迹验证

📑 思政案例

我国高铁设计速度为 350 km/h，也就是每秒钟运行近 100 m，如何才能保证列车运行又快又稳？这一切都要归功于轨道精调师精益求精的工匠精神，他们在钢轨上下足功夫，使数吨重的钢轨以 0.2 mm 为单位移动，确保高铁快速平稳运行。

📑 任务实施

（1）对照智能产线实际生产任务，梳理产线内 AGV 小车的搬运路线，并进行路线优化。

（2）对照智能产线实际生产任务，梳理工业机器人、加工设备等运行情况。

（3）整理智能产线运行全过程逻辑事件，完成事件添加设置。

（4）核查事件添加逻辑顺序，进行智能产线运行全过程的仿真验证，针对验证结果进行优化。

📑 任务考核与评价

基于技能学习的多元评价模块，开展多评价主体的课堂全过程考核，实现对学生知识、能力、素养的全方位分析。学生能通过学习分析模块，查看自己的学习变化动态情况。具体量化评价体系见表 4-3。

表 4-3　任务 4.2.2 项目评价量化表

评价内容及所占比重			评价标准			评价系统主体	评价对象
			完成	部分完成	未完成		
诊断性评价（20%）	在线资源自学情况	线上课程自学情况（5%）	5%	1%~4%	0	教师评价	个人
		在线测试情况（10%）	10%	1%~9%	0	系统评价	
		线上论坛参与情况（5%）	5%	1%~4%	0	教师评价	

评价内容及所占比重			评价标准			评价系统主体	评价对象
			完全规范	规范	不规范		
过程性评价（50%）	职业技能评价（30%）	搬运路线优化（6%）	6%	1%~5%	0	学生互评、教师评价	小组/个人
		逻辑事件梳理（8%）	8%	1%~7%	0		
		事件添加设置（8%）	8%	1%~7%	0		
		仿真运行情况验证（8%）	8%	1%~7%	0		
	职业素养评价（20%）	岗位素养规范（5%）	5%	1%~4%	0		
		软件操作规范（5%）	5%	1%~4%	0		
		操作完成后现场整理（5%）	5%	1%~4%	0		
		文明礼貌、团结互助（5%）	5%	1%~4%	0		

评价内容及所占比重			评价标准		评价系统主体	评价对象
			正确合理	不正确、不合理		
结果性评价（30%）	仿真运行调试	路线优化程度（8%）	8%	0	多元评价系统、教师评价	个人
		逻辑事件添加完整性（8%）	8%	0		
		运行仿真正确性（8%）	8%	0		
		实践任务完成度（6%）	6%	0		
小计			100%			

习　题

（1）数字孪生系统具体有哪些应用？

（2）数字孪生虚拟调试软件 PQFactory 的界面包含哪些部分？

（3）数字孪生虚拟调试软件 PQFactory 的操作注意事项有哪些？

（4）用数字孪生虚拟调试软件 PQFactory 进行智能产线搭建的操作步骤有哪些？

（5）以 1 号 AGV 小车搬运为例，整理小车搬运的逻辑。

项目 5 智能制造 MES 执行系统

课件

任务介绍

本任务开展智能制造执行系统的概念认知和功能学习，运用生产排序规则进行智能制造 MES 执行系统中的多任务生产排序管理，并结合具体生产实践任务，在 MES 系统中进行生产任务创建和管理。

知识目标

了解智能制造 MES 执行系统上的生产任务管理操作流程。

技能目标

掌握智能制造 MES 执行系统中的多任务生产排序的基本操作。

素养目标

培养学生敬业的职业态度和精益求精、一丝不苟的工匠精神。

任务 5.1 MES 执行系统认知

任务描述

了解智能制造 MES 执行系统的概念、发展历程，以及 MES 系统在国内外的应用情况及相关主流软件。熟知 MES 系统的各模块功能，进入智能制造虚实二元实训教学平台的 MES 系统，熟悉操作界面。

任务分析

通过认知学习，全方位了解智能制造 MES 执行系统的相关知识，熟悉操作界面，为后续操作执行做好准备。

相关知识

5.1.1 MES 执行系统介绍

MES 作为面向车间的制造执行系统，是实现智能制造的关键一环。它通过集成上层企业资源系统（ERP）和下层过程控制系统（PCS），打破企业内部信息孤岛，通过透明的物料流实现计划精确执行，通过连续的信息流实现企业信息集成，通过生产过程的整体优化实现完整的生产闭环。

　　在智能制造、信息化和成熟工业系统的推动下，MES 经历了专用 MES、集成 MES、可集成 MES 三代。MES 作为实时反映制造过程各个环节活动和交换数据的节点，实时贯通各个环节的交集点，已成为工厂所有活动的核心。

　　以美国、日本、德国等为代表的发达国家，对 MES 系统技术的研究非常重视，认为未来制造业的发展趋势是智能制造，而 MES 系统技术则是实现这一目标的重要手段。在国内，由于 MES 系统可以对企业生产车间管理进行优化，提高企业的生产制造效率、降低成本、给企业带来巨大的利润，因此各个行业开始重视 MES 系统的应用，并且对其进行了相关研究。

5.1.2　MES 系统功能模块

　　MES 系统包含项目管理模块、CAE 计算机辅助工程模块、CAD 计算机辅助设计模块、CAPP 计算机辅助工艺过程设计模块、CAM 计算机辅助制造模块、CAM-电极设计专家系统、CAM-工件 NC 编程专家系统、CAM-电极 NC 专家系统、CAM-WE 编程专家系统、PDM 产品数据管理模块、CNC 数控加工模块、EDM 电火花加工模块、WE 线切割加工模块、CMM 产品质量检测模块、RFID 射频识别模块等功能模块。

　　（1）项目管理模块：能够建立与修改项目/工令单；具备审核流程功能；具备项目分级管理功能（大项目管理、项目总体管理）；具备 Online 料块，能与客户远程直接开项目分析会，能在 Internet 上访问仓储与物流管理模块；具备耗材、料板耗材、标准件、刀具等物品的管理功能；能对夹具进行 RFID 管理；能管理智能立体仓库、管控 AGV 小车以及工业机器人物料搬运等。

　　（2）CAE 计算机辅助工程模块：具备 CAE 仿真分析专家系统，引导式操作流程；能够优化设计，找出产品设计最佳方案，降低材料的消耗或成本；能够模拟各种试验方案，减少试验时间和经费；具备标准化知识库样本，缩短设计和分析的循环周期，提高分析效率；技术参数能分类检索，快速获取方案。

　　（3）CAD 计算机辅助设计模块：系统能够基于 NX 或 ProE CREO 的智能设计，制造过程 3D 可视化；具备零件标准化，可以扩充标准件数据库，设计工程师实现"组装"化；能够实施颜色管理，颜色代表公差，消除制造误区；具备料具设计智能专家系统辅助设计，引导式进行料具设计，帮助了解料具结构及料具设计技能。

　　（4）CAPP 计算机辅助工艺过程设计模块：具备标准制程 Library，JT 可视化标注使制程设计快速稳定，还可以实现 APS 高级排产；具备加工工序颜色管理，为加工无纸化提供保障；具备零件备料系统，实现产品零件备料；能够动态查询加工进度，并体现工件、电极、CAM 状态、CMM 状态的实时状态；能够动态查询任务进度，并体现各工段所有任务、加工顺位、加工状态的实时状态。

　　（5）CAM 计算机辅助制造模块：能够快捷地确定加工坐标系；能够任意面自动定加工坐标系；能够自动出工件装夹图；能够出 CMM 需要检测的点，并自动导入 CMM 脱机编程中；能够 CNC 程序自动化、WE 程序自动化、NX 后台运算。

　　（6）CAM-电极设计专家系统：具备电极档案采用 PDM 管理功能；能够快速进行电极设计功能；具备放电条件自动获取功能；具备多任务位电极设计，电极多个工位平移/旋转功能；具备电极设计任务在云计算中运行功能。

（7）CAM-工件 NC 编程专家系统：具备工件快速 NC 编程功能；能自动生成料座程序；具备 Post/出工单的费时任务在云计算中运算功能。

（8）CAM-电极 NC 专家系统：具备电极能快速 NC 编程功能；能自动生成 NC 程序；具备云计算电极 NC 程序功能；具备 PC-DMIS 脱机编程功能；具备脱机检测报告输出功能；具备 CMM 脱机编程、云计算 PC-DMIS 脱机编程功能。

（9）CAM-WE 编程专家系统：能快速 WE 编程；能选择最合适的料板，合理排布工件在料板的合适位置功能；能自动生成 WE 程序功能；具备云计算电极 WE 程序功能。

（10）PDM 产品数据管理模块：能管理工单，使设计变更版次管理方便准确；能根据定义的规则自动分析零件的件号、材质、加工方式功能；具备 PDM 的数据能交换和管理功能；能够自动导出 BOM 清单至 MOM 加工系统、采购系统、加工系统，且零件能够自动分类；能自定义 BOM 识别规则（名字、件号、加工方式）。

（11）CNC 数控加工模块：能够输出实现无纸化、可视化的加工工单；具备加工参数在 CNC 切削条件库自动生成功能；具备机外装夹校正、RFID 自动化加工功能；具备加工任务排配时 RFID 与选择并存，灵活管理机台任务功能；具备多任务加工时，多个工件可以一次性加工，并合理安排刀具顺序功能；具备刀具寿命管理，实时统计刀具切削时间、米数功能；能使加工程序直接上传至机台内存功能。

（12）EDM 电火花加工模块：具备放电条件库由系统自动生成功能；具备无纸化放电加工单与系统化电极管理功能；具备扫描 RFID 自动加工功能；具备潜伏式浇口电极放电、工件侧放电、镜面放电料块功能；能使加工程序直接上传至机台内存功能。

（13）WE 线切割加工模块：具备线切割放电条件库由系统自动生成功能；具备无纸化与可视化的线切割加工单功能；具备扫描 RFID 自动加工功能；具备程序控制器自动传输功能，能使加工程序直接上传至机台内存。

（14）CMM 产品质量检测模块：具备引导式操作界面功能；具备基于 RFID 的 CMM 自动化检测校正功能；能够进行多电极校正与检测、工件返修局部检测、夹具校正；能够自动获取并智能分析检测结果；具备比传统方法的检测效率提升 3 倍的能力；具备 CMM 检测报告，自动生成工件加工公差，反馈磨耗补偿功能。

（15）RFID 射频识别模块：具备适应于恶劣加工环境，对金属、油液、电磁等环境很强的抗干扰功能；具备数据的读取无须光源，可以透过外包装识别的功能。

5.1.3　MES 系统设备监控页面

进入系统后，点击界面右上角的"设备监控"，进入"设备监控"页面，可以检查所有设备是否正常连接，如图 5-1 和图 5-2 所示。

当其中个别设备故障，需要禁用时，用鼠标左键双击"设备监控"页面，弹出"设备辅助控制"页面，如图 5-3 所示，点击需要禁用设备名称后面功能列表中的"禁用"即可。

（1）启用：使用当前机床（可手动设置）。

（2）禁用：禁用当前机床（可手动设置）。

（3）离线：机床无法通信（自动获取）。

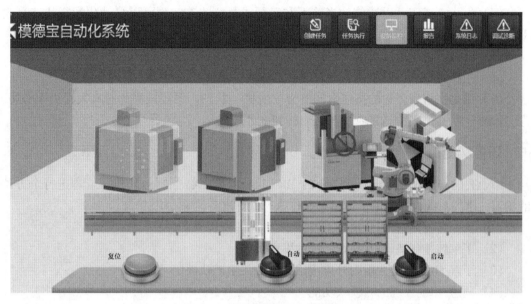

图 5-1　自动化系统设备监控界面

(a)　(b)　(c)　(d)　(e)

图 5-2　设备五种状态

（a）设备连接中；（b）设备已连接；（c）设备运行中；（d）设备报警；（e）设备禁用

设备名称	状态列表	电极料位	RFID	设置
CNC01	启用 禁用 ✓离线 停止 运行 报警 上下料 启动中 维修 保养	0		设置
CNC02	启用 禁用 离线 停止 运行 ✓报警 上下料 启动中 维修 保养	0		设置
EDM01	启用 ✓禁用 离线 停止 运行 报警 上下料 启动中 维修 保养	电极料位: 0 RFID: 钢件料位: 0 RFID:		设置
EDM02	启用 禁用 离线 ✓停止 运行 报警 上下料 启动中 维修 保养	电极料位: 0 RFID: 钢件料位: 0 RFID:		设置
ROBOT1	启用 禁用 离线 ✓停止 运行 报警 上下料 启动中 维修 保养	0		设置

说明：　启用：启用对应的机床，机床将变为自动状态，由系统控制；　禁用：禁用对应的机床，机床将变为手动状态，由人工控制；

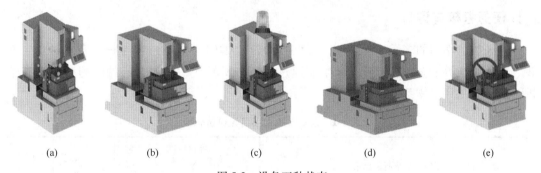

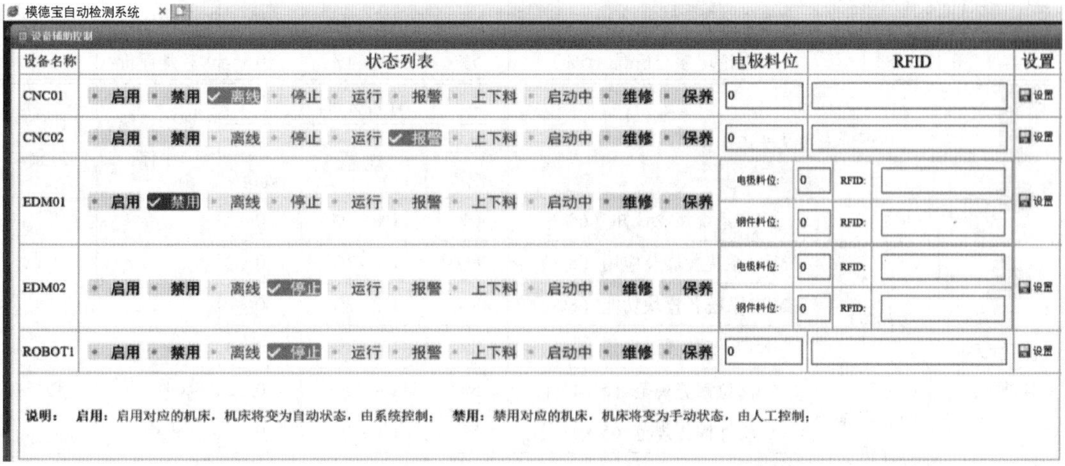

图 5-3　“设备辅助控制”页面

（4）停止：机床可以通信，当前不在运行或报警状态，为可以自动化运行状态（自动获取）。

（5）运行：机床可以通信，在执行程式中，为运行状态（自动获取）。

（6）报警：机床可以通信，此时遇到报警（一般为红色报警，自动获取）。

（7）维修：机床旁边的按钮盒调整为"脱机"状态，系统认为此时有人在机床旁边，为"维修"状态（此为选配项，配置有按钮盒才可以）。

任务实施

结合智能制造二元实训教学平台的 MES 执行系统对智能制造的执行管理进行全方位的学习，掌握系统操作界面，为后续操作执行做好准备。

（1）认知智能制造 MES 执行系统的概念。

（2）了解智能制造 MES 执行系统的发展历程。

（3）了解 MES 系统在国内外应用情况及相关主流软件。

（4）熟悉 MES 系统的各模块功能。

（5）了解 MES 系统的操作界面。

任务考核与评价

基于技能学习的多元评价模块，开展多评价主体的课堂全过程考核，实现对学生知识、能力、素养的全方位分析。学生能通过学习分析模块，查看自己的学习变化动态情况。具体量化评价体系见表 5-1。

表 5-1　任务 5.1.1 项目评价量化表

评价内容及所占比重			评价标准			评价系统主体	评价对象
			完成	部分完成	未完成		
诊断性评价（20%）	在线资源自学情况	线上课程自学情况（5%）	5%	1%~4%	0	教师评价	个人
		在线测试情况（10%）	10%	1%~9%	0	系统评价	
		线上论坛参与情况（5%）	5%	1%~4%	0	教师评价	
评价内容及所占比重			评价标准			评价系统主体	评价对象
			完全规范	规范	不规范		
过程性评价（50%）	职业技能评价（30%）	MES 系统概念认知（6%）	6%	1%~5%	0	学生互评、教师评价	小组/个人
		MES 系统发展及应用（8%）	8%	1%~7%	0		
		MES 系统各模块功能（8%）	8%	1%~7%	0		
		MES 系统的界面操作（8%）	8%	1%~7%	0		
	职业素养评价（20%）	岗位素养规范（5%）	5%	1%~4%	0		
		软件操作规范（5%）	5%	1%~4%	0		
		操作完成后现场整理（5%）	5%	1%~4%	0		
		文明礼貌、团结互助（5%）	5%	1%~4%	0		

续表 5-1

评价内容及所占比重			评价标准		评价系统主体	评价对象
			正确合理	不正确、不合理		
结果性评价（30%）	机器人编程与操作	MES 系统相关认知度（8%）	8%	0	多元评价系统、教师评价	个人
		MES 系统的功能模块熟知（8%）	8%	0		
		MES 系统界面掌握（8%）	8%	0		
		学习任务完成度（6%）	6%	0		
小计			100%			

 习 题

（1）智能制造 MES 系统包括哪些功能模块？
（2）智能生产运行中设备会出现哪五种状态？

任务 5.2　MES 管理生产排序

📝 任务描述

通过学习了解工业生产中的生产排序规则；掌握生产排序中的约翰逊规则，并应用到实际生产操作中，完成智能产线上多项加工任务的生产排序优化。

📋 任务分析

通过学习，学会分析智能产线上多项加工任务的排序问题，应用相关规则去解决问题，构建创新意识和效率意识，平衡质量和效率的关系。

📖 相关知识

5.2.1　生产排序设计

生产排序设计流程如图 5-4 所示。

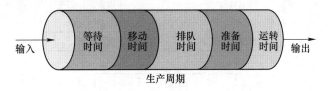

图 5-4　生产排序设计流程

排序（Sequencing）是指决定不同加工件在加工中心的加工顺序。

作业计划（Scheduling）的主要问题不但是要确定工件在各台机器上加工顺序，而且在通常情况下都要规定开工时间和结束时间。时间单位要求具体到小时、分钟。

思政案例

数学家华罗庚指出，统筹方法，是一种安排工作进程的数学方法。

怎样应用呢？主要是把工序安排好，比如想泡壶茶喝。

当时的情况是：开水没有；水壶、茶壶、茶杯要洗；火已生了，茶叶也有了。怎么办？

办法甲：洗好水壶，灌上凉水，放在火上；在等待水开的时间里，洗茶壶、洗茶杯、拿茶叶；等水开了，泡茶喝。

办法乙：先做好一些准备工作，洗水壶、茶壶、茶杯，拿茶叶；一切就绪，灌水烧水；坐待水开了泡茶喝。

办法丙：洗净水壶，灌上凉水，放在火上，坐待水开；水开了之后，急急忙忙找茶叶，洗茶壶、茶杯，泡茶喝。

哪一种办法省时间？人们能一眼看出第一种办法好。

5.2.2　约翰逊规则

约翰逊规则由 S. M. Johnson 于 1954 年提出，其目的是极小化从第一个作业开始到最后一个作业为止的全部流程时间。适用情况为：n 个工件经过两台设备（有限台设备）加工，所有工件在两台设备上加工的次序相同（即先在第一台设备上加工，再在第二台设备上加工）。约翰逊规则的步骤如下：

（1）列出每个作业（Operation）在两台工作中心上的作业时间表。

（2）找出最短的作业时间。

（3）如果最短的作业时间来自第一台工作中心，则将它排到前面；如果最短的作业时间来自第二个工作中心，则将该作业排到最后。

（4）对剩余作业重复进行步骤（2）和步骤（3），直到排序完成。

具体流程如图 5-5 所示。

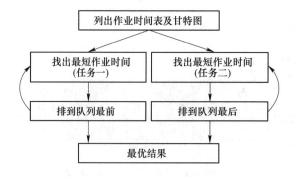

图 5-5　约翰逊规则流程

例如，零件 1、零件 2、零件 3 原生产顺序见表 5-2。

表 5-2　原生产顺序

零件	任务 1	任务 2
零件 1	6	2
零件 2	3	4
零件 3	1	5

优化后的生产顺序见表 5-3，节省了 4 个时间单位。

表 5-3　优化后的生产顺序

零件	任务 1	任务 2
零件 3	1	5
零件 2	3	4
零件 1	6	2

优化前后时间进程对比如图 5-6 所示。

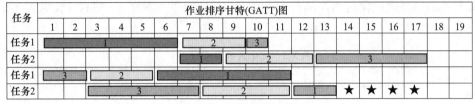

图 5-6　排序操作流程

5.2.3　其他生产排序规则

（1）FCFS（First Come First Served）规则，即"先到先服务"规则。它是指根据任务到达的先后次序安排加工顺序，先到先加工。

（2）SPT（Shortest Processing Time）规则，即"最短加工时间"规则。它是把加工时间由短到长进行排序，优先选择加工时间最短的任务。

（3）SCR（Smallest Critical Ratio）规则，即最小临界比规则，优先选择临界比最小的工件。临界比是工作允许停留时间和工件余下加工时间的比值。

（4）EDD（Earliest Due Date）规则，即"最早交货期"规则。它是指按照交货期从早到晚进行排序，优先安排完工期限最紧的任务，也就是优先顺序规则。

（5）SST（Shortest Slack Time）规则，即"最短松弛时间"规则。它是根据松弛时间由短到长进行排序。所谓松弛时间，是指当前时点距离交货期的剩余时间与该项任务的加工时间之差。

📲 任务实施

5.2.4　优化排产

5.2.4.1　约翰逊原则优化排产

生产排序前，项目产品零件工时汇总见表 5-4。

表 5-4　零件工时汇总

零件	工序 1：铣削加工时长/min	工序 2：电加工时长/min
零件 1	50	35
零件 2	40	50
零件 3	30	40
零件 4	25	50

自然排序时间甘特图如图 5-7 所示。

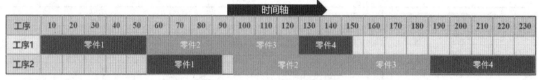

图 5-7　自然排序时间甘特图

采用约翰逊规则优化后的产品排序为零件 4—零件 3—零件 2—零件 1，见表 5-5，节省了 30 min。

表 5-5　优化后的排序（铣）

零件	工序 1：铣削加工时长/min	工序 2：电加工时长/min
零件 4	25	50
零件 3	30	40
零件 2	40	50
零件 1	50	35

相应的时间进程甘特图如图 5-8 所示。

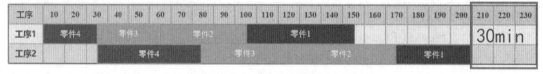

图 5-8　约翰逊原则优化排产顺序

5.2.4.2　优先顺序规则

零件 3 要求在 100 min 内交付，见表 5-6。

表 5-6　零件任务

零件	零件 1	零件 2	零件 3	零件 4
任务			100 min内交付	

应用优先顺序规则优化排产后的顺序是零件 3—零件 1—零件 2—零件 4，具体时间甘特图如图 5-9 所示。

图 5-9 优先顺序规则优化排产顺序

5.2.4.3 约翰逊规则与优先顺序规则同时使用

先按照优先顺序规则将零件 3 放到第 1 位执行，再针对后面的零件按照约翰逊规则排序，如图 5-10 所示。

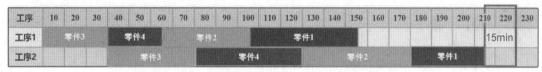

图 5-10 约翰逊规则与优先顺序规则同时使用

优化排产后的顺序是零件 3—零件 1—零件 2—零件 4，优化了 15 min。

任务考核与评价

基于技能学习的多元评价模块，开展多评价主体的课堂全过程考核，实现对学生知识、能力、素养的全方位分析。学生能通过学习分析模块，查看自己的学习变化动态情况。具体量化评价体系见表 5-7。

表 5-7 任务 5.1.2 项目评价量化表

评价内容及所占比重			评价标准			评价系统主体	评价对象
			完成	部分完成	未完成		
诊断性评价（20%）	在线资源自学情况	线上课程自学情况（5%）	5%	1%~4%	0	教师评价	个人
		在线测试情况（10%）	10%	1%~9%	0	系统评价	
		线上论坛参与情况（5%）	5%	1%~4%	0	教师评价	
评价内容及所占比重			评价标准			评价系统主体	评价对象
			完全规范	规范	不规范		
过程性评价（50%）	职业技能评价（30%）	生产任务工时分析（6%）	6%	1%~5%	0	学生互评、教师评价	小组/个人
		约翰逊规则排序操作（8%）	8%	1%~7%	0		
		生产任务排序优化（8%）	8%	1%~7%	0		
		具体生产任务应用（8%）	8%	1%~7%	0		
	职业素养评价（20%）	防护用品穿戴规范（5%）	5%	1%~4%	0		
		工具、辅件摆放及使用（5%）	5%	1%~4%	0		
		操作完成后现场整理（5%）	5%	1%~4%	0		
		文明礼貌、团结互助（5%）	5%	1%~4%	0		

评价内容及所占比重			评价标准		评价系统主体	评价对象
			正确合理	不正确、不合理		
结果性评价（30%）	生产优化排序（30%）	工时计算正确性（8%）	8%	0	多元评价系统、教师评价	个人
		优化排序合理性（8%）	8%	0		
		生产任务优化规范性（8%）	8%	0		
		实践任务完成度（6%）	6%	0		
小计			100%			

习　题

（1）什么是生产排序的约翰逊规则，具体如何操作？

（2）除了约翰逊规则外，还有哪些生产作业排序的规则？

任务 5.3　MES 系统操作与管理

任务描述

通过观摩学习，实践应用中执行某加工任务的加工、清洗、检测、后续操作等具体任务的创建与执行，了解智能制造 MES 执行系统中的生产任务排序、任务创建等操作界面和操作方式。

任务分析

在智能制造虚实二元实训教学平台上，掌握智能制造 MES 系统的相关操作，为智能制造相关技术岗位储备技能。

相关知识

进入自动化系统后，点击界面右上角的"创建任务"，进入"创建任务"页面，可以对电极等工件进行工单任务的创建，如图 5-11 所示。

智能制造 MES 系统云平台计划排产页面如图 5-12 所示。

任务实施

5.3.1　MES 系统云平台生产排序管理

进入智能制造 MES 系统云平台，进入计划排产页面，如图 5-13 所示，通过设置优先等级（500、600、700、800、900、1000），数值越大优先等级越高，完成生产计划设置。

5.3.2　MES 系统云平台任务管理

以电极加工工艺流程为例，按照快亚加工—清洗—检测—放电—入库的加工流程进行任务管理，如图 5-14 所示。

图 5-11　"创建任务"页面

图 5-12　计划排产页面

5.3.2.1　电极产品加工任务的创建

（1）将提前编好电极加工程序存放至某盘位置，命名格式为：IPC2019 _ M04 _ CP004_F4. TXT。

（2）打开系统，进入"创建任务→BOM"页面，点击"任务"。弹出"批量新增任务"对话框，如图 5-15 所示。

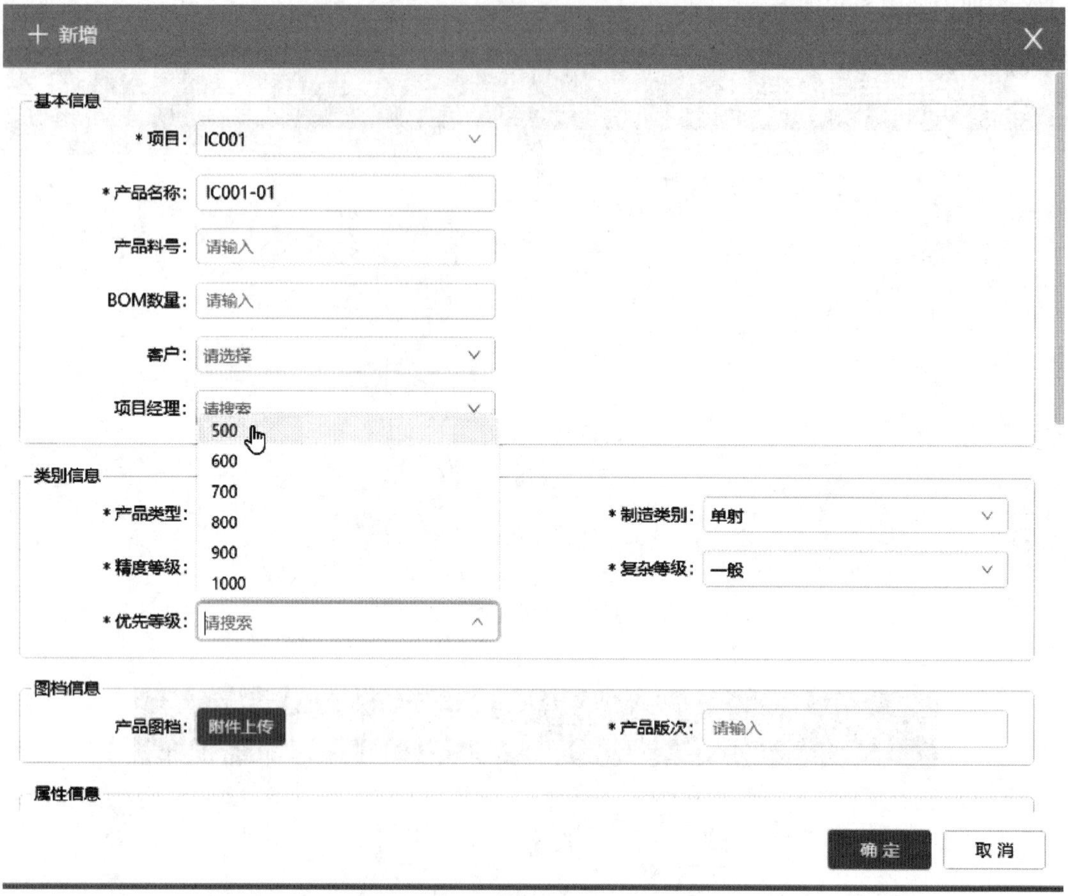

图 5-13　智能制造排产页面

（3）文件名称解析规则选择"模号-件号-分件号-F/R 数量"，类型选择"电极"，工艺选择"电极铣"。

（4）在"导入程式创建任务"位置点击"浏览"，选择需要上传的电极加工程式，如图 5-16 所示。在创建任务时，系统会根据上传的程式名称编号自动创建编号数字前面的任务。

例如：上传 IPC2019_M04_CP004_F3 的程式，会同时创建 IPC2019_M04_CP004_F1、IPC2019_M04_CP004_F2、IPC2019_M04_CP004_F3 三个电极加工任务。

（5）选择完成加工程式后，点击"保存"，在弹出的对话框内点击"确定"按钮，如图 5-17 所示，则在 BOM 页面就会显示出刚刚创建的电极加工任务。

5.3.2.2　电极产品清洗任务的创建

打开系统，进入"创建任务→BOM"页面，点击"任务"。

电极清洗任务在"创建无程式创建任务"位置输入需要创建的工件任务"模号-件号-分件号"（系统中如果已有该模件号可直接选择）。在"类型"中选择"电极"，在"工艺"中选择"清洗"，如图 5-18 所示。

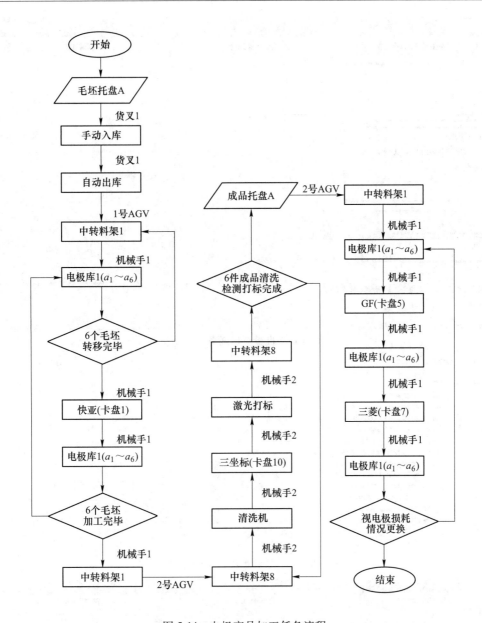

图 5-14 电极产品加工任务流程

5.3.2.3 电极产品检测任务的创建

（1）通过三坐标软件进行脱机编程，将提前编好电极检测程序存放至某盘位置，命名格式为 IPC2019_M04_CP004_F4.TXT。

（2）打开自动化系统，进入"创建任务→BOM"页面，点击"任务"。弹出"批量新增任务"对话框。

（3）文件名称解析规则选择：电极程式选择"模号-件号-分件号-F/R 数量"，类型选择"电极"，工艺选择"检测"，如图 5-19 所示。

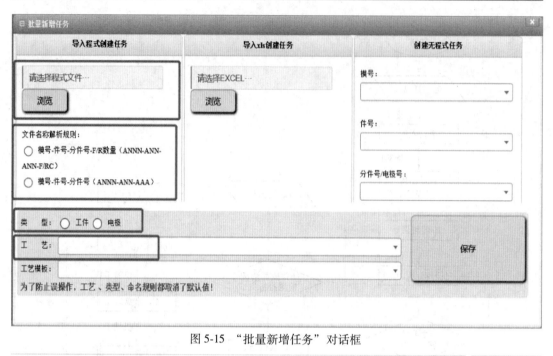

图 5-15　"批量新增任务"对话框

图 5-16　选择电极加工的程式

图 5-17　电极加工任务创建完成

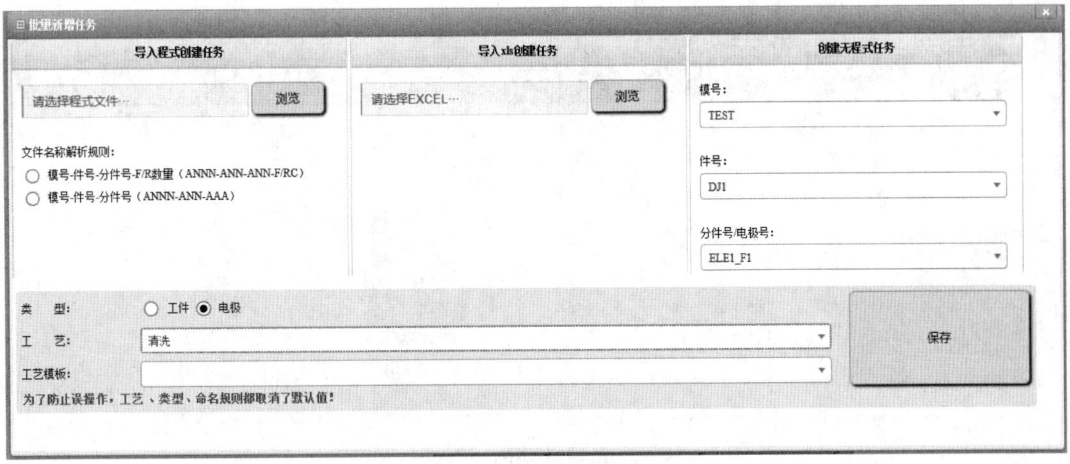

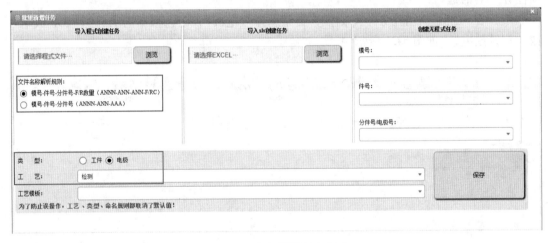

图 5-18　电极清洗任务创建

图 5-19　电极检测任务创建

（4）在"导入程式创建任务"位置点击"浏览"，选择需要上传的三坐标程式。选择三坐标程式时请注意，需要同时选择后缀 PRG 及 CAD 的 2 个同名文件。在创建任务时，系统会根据上传的程式名称编号自动创建编号数字前面的任务。例如，上传 50809-SJD-SJC-R3 的程式时，会创建 50809-SJD-SJC-R1、50809-SJD-SJC-R2、50809-SJD-SJC-R3 三个三坐标检测任务。

（5）选择完成加工程式后，点击"保存"，在弹出的对话框内点击"确定"按钮，完成检测工序的创建，如图 5-20 所示。

5.3.2.4　电极放电任务的创建

（1）将提前编好电极放电程序存放至某盘位置，命名格式为 PC2019_M04_CP004_F4.TXT。

图 5-20　电极清洗创建完成状态

（2）打开自动化系统，进入"创建任务→BOM"页面，点击"任务"，弹出"批量新增任务"对话框。

（3）在"批量新增任务"对话框，类型选择"电极"，工艺根据需求选择"GF 放电"或"三菱放电"，如图 5-21 所示。

图 5-21　电极放电任务创建

（4）在"导入程式创建任务"位置点击"浏览"，选择需要上传的电极任务。

（5）选择完成加工程式后，点击"保存"，在弹出的对话框内点击"确定"按钮，完成电极放电工序的创建。

任务考核与评价

基于技能学习的多元评价模块，开展多评价主体的课堂全过程考核，实现对学生知识、能力、素养的全方位分析。学生能通过学习分析模块，查看自己的学习变化动态情况。具体量化评价体系见表 5-8。

表5-8　任务5.1.3项目评价量化表

评价内容及所占比重			评价标准			评价系统主体	评价对象
			完成	部分完成	未完成		
诊断性评价（20%）	在线资源自学情况	线上课程自学情况（5%）	5%	1%~4%	0	教师评价	个人
		在线测试情况（10%）	10%	1%~9%	0	系统评价	
		线上论坛参与情况（5%）	5%	1%~4%	0	教师评价	

评价内容及所占比重			评价标准			评价系统主体	评价对象
			完全规范	规范	不规范		
过程性评价（50%）	职业技能评价（30%）	MES系统任务创建操作熟知（6%）	6%	1%~5%	0	学生互评、教师评价	小组/个人
		MES系统刀具管理操作认知（8%）	8%	1%~7%	0		
		生产任务创建的实践（8%）	8%	1%~7%	0		
		具体生产任务应用（8%）	8%	1%~7%	0		
	职业素养评价（20%）	防护用品穿戴规范（5%）	5%	1%~4%	0		
		工具、辅件摆放及使用（5%）	5%	1%~4%	0		
		操作完成后现场整理（5%）	5%	1%~4%	0		
		文明礼貌、团结互助（5%）	5%	1%~4%	0		

评价内容及所占比重			评价标准		评价系统主体	评价对象
			正确合理	不正确、不合理		
结果性评价（30%）	MES系统中生产排序及任务创建	任务创建操作规范性（8%）	8%	0	多元评价系统、教师评价	个人
		刀具管理任务认知度（8%）	8%	0		
		系统中任务创建正确性（8%）	8%	0		
		实践任务完成度（6%）	6%	0		
小计			100%			

 习　题

（1）简述智能制造MES系统云平台中任务管理的流程。

（2）简述智能生产中检测任务的创建流程。

项目 6 综合应用案例

课件

任务 6.1 典型零件智能产线生产运行

📋 任务介绍

本任务引入某轴类典型零件的智能制造生产项目，依托世界技能大赛中国集训基地、国家级生产性实训基地的虚实二元实训教学平台，展开该典型零件智能制造的产线运行。

⊕ 知识目标

（1）了解典型零件的智能产线运行方案。
（2）熟悉桁架机器人的操作技巧与运行规律。
（3）理解智能制造系统系统调度的基本原则。

☑ 技能目标

（1）能按照产量要求规划智能产线运行流程。
（2）能熟练调试智能产线的桁架机器人及车加工单元。
（3）能运用 MES 执行系统进行产线调度与管控。

A⁺ 素养目标

（1）具有严谨细致的工程人员职业素养。
（2）培育精益求精的工匠精神。
（3）锤炼爱岗敬业的职业态度。

📝 任务描述

（1）根据产品的加工工艺与技术要求，分析与编排轴类零件智能产线工艺流程。
（2）对照加工工艺流程要求，调试与运行智能产线。
（3）将智能产线上的加工任务添加到智能制造云平台系统中，并进行任务执行与管理，完成生产任务。

📋 相关知识

轴类零件的二维图纸如图 6-1 所示。

了解轴类零件的加工工艺，得出轴/套类零件在智能产线的加工流程如下：

德玛吉机床加工→凯达机床加工→三坐标检测→入库

具体加工工艺流程如下：

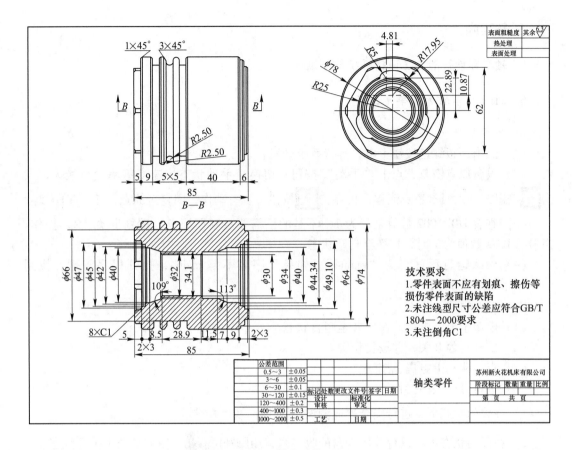

图 6-1　轴类零件图纸

MES 创建加工工艺→料库备料并入库→车削加工单元 MES 加工启动→轴类零件上料→轴类零件出库→1 号小车将轴类零件由料库运送至接驳台 6→MES 根据加工工艺控制桁架机器人对轴类零件进行德玛吉机床上下料→加工完成后 MES 自动下料→3 号小车将轴类零件由接驳台 6 运送到加工中心岛接驳台 4→启动模具加工单元 MES→根据加工工艺机器人对轴类零件进行凯达机床上下料→加工完成后点击模具加工单元 MES 的轴类零件换料→2 号小车将轴类零件由接驳台 4 运送到检测单元接驳台 7→启动检测单元 MES→根据加工工艺机器人进行轴类零件上下料→三坐标检测激光打标→点击检测单元 MES 的轴类零件换料→4 号小车将轴类零件由接驳台 7 运送料库入库位→轴类零件入库。

思政案例

徐工集团徐州重型机械有限公司的数控加工技能工艺师孟维，从事数控机床操作 20 年，凭借"敢争第一、勇创唯一"的精神，破解了高强钢加工工艺、起重机核心零部件中心回转体加工中的诸多难题，首创了"孟维滑轮操作法""G1 代起重机中心回转体套筒加工法"等 177 项数控加工方法。他 9 次荣获全国 QC 成果一等奖，在中国工程机械核心零部件加工领域形成了具有自主产权的核心技术优势，获评 2022 年"大国工匠年度人物"。

任务实施

6.1.1　轴类零件智能加工设备开机与测试

6.1.1.1　车削加工单元设备

A　桁架机器人

（1）点击面板绿色按钮上电，等待系统开机。

（2）设备原点恢复，点击"手动"按钮，切换至手动状态，速度倍率调至最大，点击 按钮，进入回参考点流程，再点击 按钮，设备动作，回复至原点，按 AIT+N 键。

（3）查看 DBB1002 数值是否为 1，不是的话需要重新回原点，重复步骤（2）操作。当 DBB1002 数值为 1 时，切换至自动状态。

（4）确认运行程序名为"main4"。如果程序名不是 main4，打开程序管理，找到 main4，点击执行即可。

B　德玛吉机床

（1）电源上电，电源旋钮旋转至竖直状态。

（2）旋开急停开关，并按复位键。

（3）点击驱动上电白色按钮。

（4）进行开门关门操作。

1）在关门状态下，进行安全集成测试，点击 启动测试。

2）在开门状态下，进行液压卡盘的收与张，用脚踩 ，使卡盘处于张开状态。

3）在关门状态下，进行刀架复位，点击 按钮，选择 ，完成刀架复位。

（5）点击复位按钮，确认机床无报警。

（6）点击 按钮，设备切换至自动状态。

（7）点击程序管理按钮"PROGRAM　MANAGER"，找到程序 0001，点击执行按钮。

（8）点击开始按钮。

C　福硕机床

（1）转动电源开关至 ON。

（2）点击面板绿色上电按钮。

（3）点击液压准备按钮，点击复位按钮，消除报警。

（4）模式切换至手动状态，夹紧卡盘，切换至自动状态。

（5）点击按钮"PROGRAM MANAGER"。

（6）点击运行按钮。

（7）点击程序按钮，查看程序运行状态。

6.1.1.2　检测单元设备

（1）ABB 开机流程。

1）在手动状态下，打开电源旋钮开关，即向上旋转 90°。

2）手动自动切换按钮，MES 启动后，打到自动状态。

3）点击启动按钮（白色指示按钮）。

安全起见，机器人速度开始设置为 0，当 MES 启动后，视实际情况增加。

（2）三坐标测量机。

1）打开三坐标主机电脑。

2）检查恢复急停。

3）手控盒激活（速度自行设置）。

4）打开测量软件，以管理员身份运行。

注意：检查手控盒，确保处于自动状态。

6.1.1.3　智慧物流设备

（1）立库开机与准备。

1）立库控制计算机电源按钮切换至 ON 上电。

2）点击银色按钮，计算机开机，输入开机密码。

3）开启立库控制软件，模式切换至手动状态。

4）在手动界面，点击"原点复位"，完成堆垛机的回原点操作，点击确定。

5）从立库中调托盘，或准备新的托盘、零件及各零件芯片。

6）开启物流调度软件，确认各小车状态均正常。

7）将立库手自动切换至自动状态。

（2）AGV 开机准备。

1）根据工艺流程，将需要调用的 1 号、2 号、4 号 AGV 小车开机，并检查是否在"自动状态"。

2）AGV 小车旋转钥匙开关上电。

3）AGV 小车确认模式切换至自动状态。

6.1.1.4　模具加工单元设备

（1）凯达加工中心开机与测试。

1）打开开关旋钮。

2）启动绿色上电按钮"POWER ON"。

3）松开急停，点击复位按钮。

4）启动速度按钮（主轴速度 SPINDLE 和进给速度 FEED）。

注意：检查手控盒，确保处于自动状态。

5）开机准备就绪，运行初始化程序：O6001（开门）、O6002（关门），进给倍率打低 10%。

（2）模具加工单元 ABB 工业机器人开机。

1）在手动状态下，打开电源旋钮开关，即向上旋转 90°。

2）手自动切换，MES 启动后，打到自动状态。

3）点击启动按钮（白色指示按钮）。

4）点击"控制器窗口界面→自动生产窗口"，将 PP 移至 Main，观察执行箭头是否在主程序第一段。

注意：安全起见，机器人速度开始设置为 0，当 MES 启动后，视实际情况增加。

6.1.2　轴类任务创建

6.1.2.1　程序准备

将 CNC 程序、CMM 程序按命名规程格式命名，如 CNC 程序：命名 IPC2021_L03_L001_F6（无后缀名），CMM 程序：命名 IPC2021_L03_L001_F6.PRG，放置于需要调用的文件夹中。

轴类零件第一序加工工艺是车削工艺，由于设备的特殊性，需要在软件上先编辑好 NC 程序，再拷入机床设备内部。轴类零件第一序加工程序命名规则为 O0001.MPF，如图 6-2 所示。

图 6-2　DMG 加工程序格式

6.1.2.2　加工任务创建

车床类零件属于特殊零件，其本体无法安装芯片，产品信息都写在以托盘为主体的固定芯片上，故无法创建任意加工任务，目前使用软件内设定加工模板。

6.1.2.3　程序录入

由于产品特殊性，使用模板文件时，需要用准确命名的 CNC 加工程序和三坐标检测文件，替换覆盖掉原先模板文件夹内的程序。

车床 BOM
模板文件

由于 DMG 机床系统特殊，需要将加工程序使用 CF 卡复制进入机床内部储存。这里将文件名为 O0001.MPF 的加工程序复制进入 CF 卡。

（1）点击机床程序模块，调出程序目录界面。

（2）选择 USB 设备端，选中程序，点击选中后复制。

（3）再点击选中设备 NC 储存器，将程序粘贴在零件程序主目录下。选中程序后，点击执行按键。

6.1.2.4　查看

在"创建任务→BOM"界面内，"模号"输入 IPC2021；"件号"输入 L03；点击"过滤"，显示轴类创建的 NC 加工、CNC 加工和 CMM 检测任务。

轴类芯片录入，接着将托盘芯片编码写入流程，托盘芯片位置如图 6-3 所示。托盘芯片编码写入流程如下：

（1）打开软件高频上位机。IP 地址改为：192.168.100.11，点击"连接"；字符长度"8"改为"21"；选择"String 读写模式"；将托盘上黑色芯片对准立体仓库辊筒输送机 RFID 读写器。

（2）在软件输入框中输入 21 位编码：×××××—××—×××××—×××××—××。

（3）点击"写数据"，托盘编码写入成功（重复两次，分别写入两个芯片）。

图 6-3　模块初始化流程

托盘芯片编码规则：

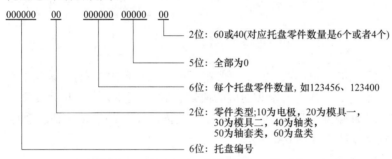

2位：60或40(对应托盘零件数量是6个或者4个)

5位：全部为0

6位：每个托盘零件数量，如123456、123400

2位：零件类型；10为电极，20为模具一，
30为模具二，40为轴类，
50为轴套类，60为盘类

6位：托盘编号

注意，输入时数据之间没有空格，例如 A06007101234560000060。

6.1.2.5　托盘芯片信息扫描

物料录入立库时，即读取该产品信息，并同步到 MES 系统，在单独车削加工单元加工时，无须再次扫描。扫描位置如图 6-4 所示。

图 6-4　芯片扫描位置

6.1.3　轴类零件智能生产

6.1.3.1　轴类零件车削任务执行

（1）设备管理复位。设备监控界面内，双击"桁架机器人"，弹出设备管理对话框，可以对车削加工单元内的设备进行管理，如设备禁用、设备启用、设备维护与保养等，如图 6-5 所示。

注意，任务执行前要将所要用到的设备进行复原操作：点击所需复原设备，如桁架电极料位清除，点击"设置"复位。

图 6-5　复位管理

（2）零件上料。在任务执行界面内，点击"管理"按键，选择轴类零件，确认上料。系统接收到指令后，会发送命令，AGV 小车会取对应的轴类零件托盘至车削加工单元接驳台。

（3）任务执行。在检测单元 MES 系统中，点击"设备监控"的启动按钮。车床单元设备即开始批量加工轴类零件，如图 6-6 所示。

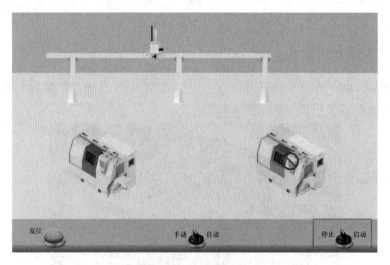

图 6-6　任务开始执行

6.1.3.2　轴类零件加工中心任务执行

（1）托盘芯片扫描：要实施智能生产加工，在"任务执行→管理"对话框，圆盘料架界面，点击"换料"；在设备监控点击"启动"按钮，机器人开始执行接驳台零件信息的扫描工作。

（2）零件加工：点击"任务执行→模具→上料"，开始分别执行轴类零件上、下料及 CNC 加工，如图 6-7 所示。

芯片扫描

（3）轴类零件检测任务执行：在检测单元 MES 系统中，点击"设备监控"的启动按钮，如图 6-8 所示，检测单元机器人开始扫描托盘芯片，扫描完成后依次开始零件的检测、打标；完成后，点击"任务执行→管理→换料"，机器人再次扫描托盘芯片；完成后，4 号 AGV 小车启动，将零件从 8 号接驳台送至立体仓库并返回。

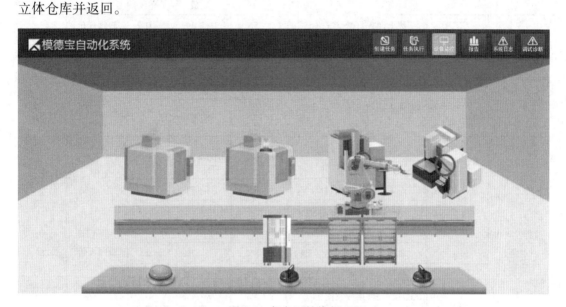

图 6-7　任务开始执行

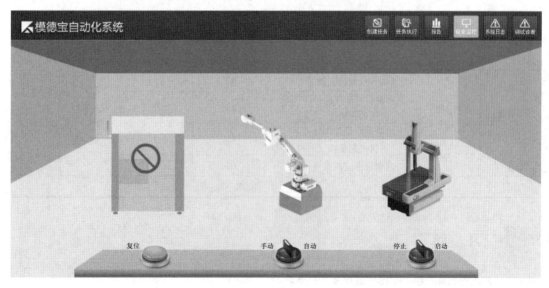

图 6-8　检测任务

任务考核与评价

基于技能学习的多元评价模块，开展多评价主体的课堂全过程考核，实现对学生知识、能力、素养的全方位分析。学生能通过学习分析模块，查看自己的学习变化动态情况。具体量化评价体系见表 6-1。

表 6-1　任务 6.1 项目评价量化表

评价内容及所占比重		评价标准			评价系统主体	评价对象
		完成	部分完成	未完成		
诊断性评价（20%）	在线资源自学情况	线上课程自学情况（5%）	5%	1%~4%	0	教师评价	个人
		在线测试情况（10%）	10%	1%~9%	0	系统评价	
		线上论坛参与情况（5%）	5%	1%~4%	0	教师评价	

评价内容及所占比重		评价标准			评价系统主体	评价对象
		完全规范	规范	不规范		
过程性评价（50%）	职业技能评价（30%）	零件在智能产线加工流程规划（6%）	6%	1%~5%	0	学生互评、教师评价	小组/个人
		工艺流程优化（8%）	8%	1%~7%	0		
		智能制造云平台及 MES 系统操作（8%）	8%	1%~7%	0		
		具体生产任务应用（8%）	8%	1%~7%	0		
	职业素养评价（20%）	防护用品穿戴规范（5%）	5%	1%~4%	0		
		工具、辅件摆放及使用（5%）	5%	1%~4%	0		
		操作完成后现场整理（5%）	5%	1%~4%	0		
		文明礼貌、团结互助（5%）	5%	1%~4%	0		

评价内容及所占比重		评价标准		评价系统主体	评价对象
		正确合理	不正确不合理		
结果性评价（30%）	智能产线上生产任务的运行规划	流程运行规划的合理性（8%）	8%	0	多元评价系统、教师评价	个人
		智能制造云平台及 MES 系统操作的正确性（8%）	8%	0		
		智能产线加工任务安排的规范性（8%）	8%	0		
		实践任务完成度（6%）	6%	0		
小计		100%			

习　题

（1）请梳理智能产线加工操作流程及注意事项。

（2）罗列智能制造云平台操作规范。

任务 6.2　校企合作项目智能产线生产运行

📋 任务介绍

本任务引入某集成电路制造企业"芯片封装精密型腔件"的智能制造项目，依托世界技能大赛中国集训基地、国家级生产性实训基地的虚实二元实训教学平台，展开该精密零件智能制造的产线运行规划、虚拟调试、运行调试等任务，完成智能产线的调试与运行，最终完成生产订单。

⊕ 知识目标

（1）了解智能产线运行规划方案。

（2）熟悉虚实产线调试的操作流程。

（3）掌握工业机器人精准调校的原理与方法。

（4）了解智能制造系统生产排序的基本原则。

📋 技能目标

（1）能按照产量要求规划智能产线运行流程。

（2）能运用数字孪生软件完成产线虚拟调试。

（3）能熟练调试智能制造物理产线。

（4）能运用 MES 执行系统进行产线调度与管控。

A+ 素养目标

（1）具有科技自强、技能报国的家国情怀和责任担当。

（2）养成规范的安全意识和正确的产品质量观。

（3）具有积极劳动、诚实劳动的理念。

（4）养成敬业、精益、专注、严谨的工匠精神。

6.2.1　智能产线运行规划

📝 任务描述

（1）根据产品的加工工艺要求，对比传统加工与智能制造，规划智能产线上进行产品加工的运行流程。

（2）将智能产线上的加工任务添加到智能制造云平台系统中，并进行任务管理。

（3）在智能制造 MES 执行系统中进行多任务生产排序管理。

📑 相关知识

不同种类零件在智能产线上的加工，对应不同的整体运行流程。

（1）电极零件智能加工工艺：MES 创建加工工艺→料库备料并入库→模具加工单元 MES 加工启动→电极上料→电极出库→1 号小车将电极由料库运送至接驳台 1 站→模具加工单元机器人将电极由接驳台 1 站转到料架→MES 根据加工工艺控制机器人对电极进行快

亚机床上下料→MES 根据加工工艺进行自动上传加工程序→加工完成后 MES 自动下料→机器人将加工好的电极由料架转为接驳台→2 号小车将电极由接驳台 1 运送到检测单元接驳台 8→启动检测岛 MES→根据加工工艺机器人进行电极上下料→清洗机清洗→三坐标检测→点击检测岛 MES 的电极换料→2 号小车将检测完成的电极由接驳台 8 运送至接驳台 1→模具加工单元机器人将电极由接驳台转到料架→火花机放电→放电完成后 MES 自动下料→机器人将放电好的电极由料架转为接驳台→2 号小车将电极由接驳台 1 运送料库入库位→电极入库，具体如图 6-9 所示。

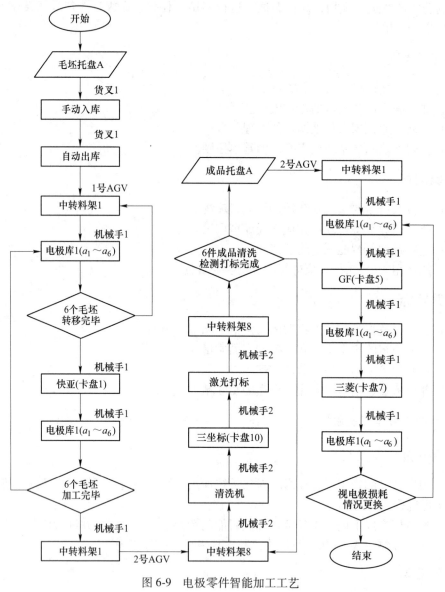

图 6-9　电极零件智能加工工艺

（2）模具零件智能加工工艺：MES 创建加工工艺→料库备料并入库→模具加工单元 MES 加工启动→模具一（模具二）上料→模具一（模具二）出库→1 号小车将模具一（模具二）由料库运送至接驳台 3→模具加工单元机器人将模具一（模具二）由接驳台 3 转到料

架→MES 根据加工工艺控制机器人对模具一（模具二）进行凯达机床上下料→MES 根据加工工艺进行自动上传加工程序→加工完成后 MES 自动下料→机器人将加工好的模具一（模具二）由料架转为接驳台→2 号小车将电极由接驳台 3 运送到检测单元接驳台 8→启动检测单元 MES→根据加工工艺机器人进行模具一（模具二）上下料→清洗机清洗→三坐标检测激光打标→点击检测单元 MES 的模具一（模具二）换料→2 号小车将检测完成的电极由接驳台 8 运送至接驳台 3→模具加工单元机器人将模具一（模具二）由接驳台转到料架→火花机放电→放电完成后 MES 自动下料→机器人将放电好的模具一（模具二）由料架转为接驳台→2 号小车将模具一（模具二）由接驳台 3 运送料库入库位→模具一（模具二）入库，具体如图 6-10、图 6-11 所示。

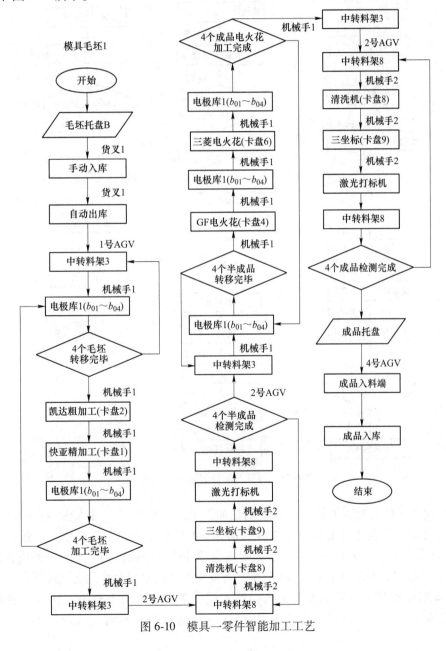

图 6-10　模具一零件智能加工工艺

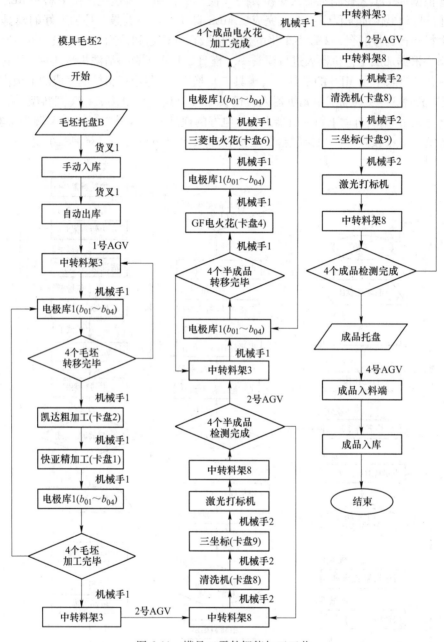

图 6-11　模具二零件智能加工工艺

（3）盘类零件智能加工工艺：MES 创建加工工艺→料库备料并入库→车削加工单元 MES 加工启动→盘类零件上料→盘类零件出库→1 号小车将盘类零件由料库运送至接驳台 6→MES 根据加工工艺控制桁架机器人对盘类零件进行福硕机床上下料→德玛吉机床上下料→加工完成后 MES 自动下料→3 号小车将盘类零件由接驳台 6 运送到检测单元接驳台 7→启动检测单元 MES→根据加工工艺机器人进行盘类零件上下料→三坐标检测激光打标→点击检测单元 MES 的盘类零件换料→4 号小车将盘类零件由接驳台 7 运送料库入库

位→盘类零件入库，具体如图 6-12 所示。

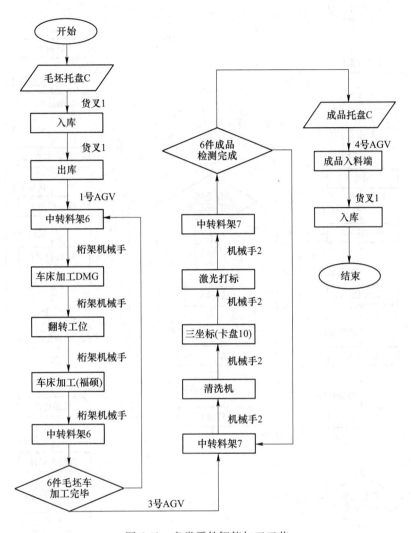

图 6-12　盘类零件智能加工工艺

（4）轴类（套）零件智能加工工艺：MES 创建加工工艺→料库备料并入库→车削加工单元 MES 加工启动→轴类零件（轴套类零件）上料→轴类零件（轴套类零件）出库→1号小车将轴类零件（轴套类零件）由料库运送至接驳台 6→MES 根据加工工艺控制桁架机器人对轴类零件（轴套类零件）进行福硕机床（德玛吉机床）上下料→加工完成后 MES自动下料→3 号小车将轴类零件（轴套类零件）由接驳台 6 运送到检测单元接驳台 4→启动模具加工单元 MES→根据加工工艺机器人进行轴类零件（轴套类零件）进行凯达机床上下料→加工完成后点击模具加工单元 MES 的轴类零件（轴套类零件）换料→2 号小车将轴类零件（轴套类零件）由接驳台 4 运送到检测单元接驳台 7→启动检测单元 MES→根据加工工艺机器人进行轴类零件（轴套类零件）上下料→三坐标检测激光打标→点击检测单元 MES 的轴类零件（轴套类零件）换料→4 号小车将轴类零件（轴套类零件）由接驳台 7 运送料库入库位→轴类零件（轴套类零件）入库，具体如图 6-13 所示。

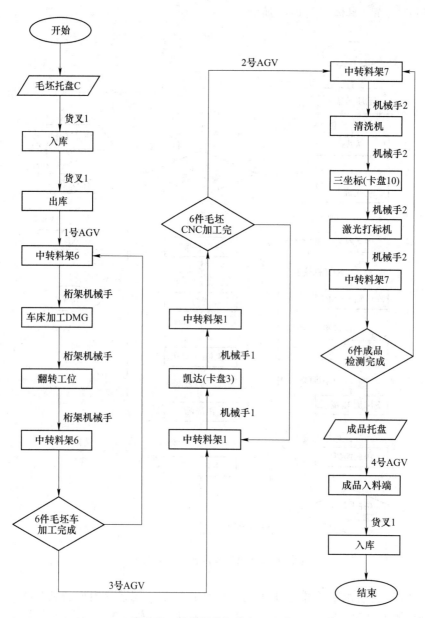

图 6-13　轴类零件智能加工工艺

📳 任务实施

6.2.1.1　智能产线运行流程规划

（1）针对校企合作需加工产品，梳理智能产线运行流程规划思路。

（2）结合产品需求，确定智能产线上的加工设备、零件毛坯库位等，填写智能产线生产任务调度单。

（3）利用智能产线物理产线区、模型区及虚拟仿真系统二元场景，确定产品加工的运送路线，合理选择 AGV 小车、规划各小车调度路线、制定工业机器人搬运路径，并利用思维导图，绘制智能产线运行流程规划图，如图 6-14 所示。

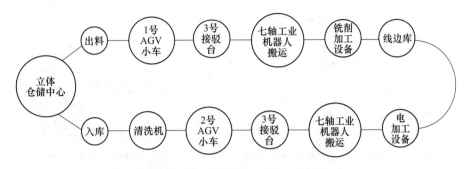

图 6-14　智能产线加工规划流程示例

6.2.1.2　智能制造云平台操作

（1）对照智能产线运行流程规划任务，在智能制造云平台系统内进行任务添加管理。

（2）在智能制造云平台系统内进行工艺路线的排配，设置选择工序、加工面、预估时间，并填写工序内容等完成零件加工路线设置及进度查询。加工线设置如图 6-15 所示。

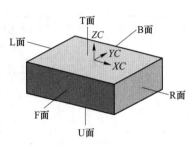

图 6-15　加工面设置

（3）根据 MES 执行系统的操作注意事项、各工艺代码及工艺方案，MES 系统内完成优化后加工程序文件的调入。

（4）按照生产排序单，进行加工任务创建及生产顺序设置，如图 6-16 所示。

图 6-16　任务创建选择界面

📋 任务考核与评价

基于技能学习的多元评价模块，开展多评价主体的课堂全过程考核，实现对学生知

识、能力、素养的全方位分析。学生能通过学习分析模块，查看自己的学习变化动态情况。具体量化评价体系见表6-2。

表6-2 任务6.2.1项目评价量化表

评价内容及所占比重			评价标准			评价系统主体	评价对象
			完成	部分完成	未完成		
诊断性评价（20%）	在线资源自学情况	线上课程自学情况（5%）	5%	1%~4%	0	教师评价	个人
		在线测试情况（10%）	10%	1%~9%	0	系统评价	
		线上论坛参与情况（5%）	5%	1%~4%	0	教师评价	

评价内容及所占比重			评价标准			评价系统主体	评价对象
			完全规范	规范	不规范		
过程性评价（50%）	职业技能评价（30%）	零件在智能产线加工流程规划（6%）	6%	1%~5%	0	学生互评、教师评价	小组/个人
		工艺流程优化（8%）	8%	1%~7%	0		
		智能制造云平台及MES系统操作（8%）	8%	1%~7%	0		
		具体生产任务应用（8%）	8%	1%~7%	0		
	职业素养评价（20%）	防护用品穿戴规范（5%）	5%	1%~4%	0		
		工具、辅件摆放及使用（5%）	5%	1%~4%	0		
		操作完成后现场整理（5%）	5%	1%~4%	0		
		文明礼貌、团结互助（5%）	5%	1%~4%	0		

评价内容及所占比重			评价标准		评价系统主体	评价对象
			正确合理	不正确、不合理		
结果性评价（30%）	智能产线上生产任务的运行规划	流程运行规划的合理性（8%）	8%	0	多元评价系统、教师评价	个人
		智能制造云平台及MES系统操作的正确性（8%）	8%	0		
		智能产线加工任务安排的规范性（8%）	8%	0		
		实践任务完成度（6%）	6%	0		
小计			100%			

6.2.2 智能产线虚拟调试

📝 任务描述

（1）结合智能产线的运行流程规划，在RobotStudio虚拟仿真软件中，完成Smart组件的创建，进行组件的属性设置与连接、I/O信号的配置。

（2）使用基本运动指令、功能指令，完成工业机器人的上下料和搬运的动作编程、机器人运行路径的调试验证，并对搬运相关路径进行优化，提高安全性和效率。

（3）根据智能产线中智慧物流的运行过程，完成智慧物流关联设备的状态机定义及相关多条物流线路设置，完成智能产线智慧物流的虚实联调。

任务分析

掌握分析工业机器人运行路径优化的方法以及 AGV 和立体仓库虚拟调试过程的基本方法；能够分析工业机器人效率和安全性方向上的优化，能够在虚实场景中进行地址匹配，完成虚实通信调试。

任务实施

场景搭建

按照课前所学完成智能车间的虚拟场景搭建，完成后工作站为智能车间。

Smart 组件
创建

6.2.2.1　工业机器人 Smart 组件创建

（1）打开搭建完成的"智能车间"工作站。

（2）打开"建模"中的"Smart 组件"，创建一个新的"SmartComponent_1"（视频中显示为"SmartComponent_5"，是由于视频制作所用的工作站之前创建过"Smart 组件"）。选择"SmartComponent_1"中"添加组件"里面的"浏览几何体"。

（3）导入"智能产线数模 22.10→手爪，工件→机械手两卡钳"文件夹中的"总装 .prt"。

（4）跳转到"实训：视图 1"页面，找到"总装 .prt"（在左侧工具栏显示为"总装"，视频中由于制作时候的原因显示为"总装_3"），并设定其位置。

操作界面

（5）选择"捕捉中心"工具，点击"设定位置"中的"位置"一栏，再次点击"工具架"上面的中心，将"方向"一栏中的 X 轴设定为 180，Z 轴设定为 90，点击"应用"，如图 6-17 所示。

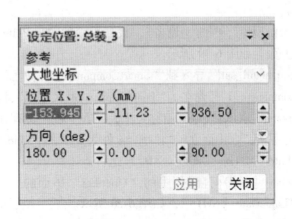

图 6-17　设定位置

（6）右击左侧工具栏中的"总装"，下滑找到"位置"选项中的"放置"选项，并在"放置"选项中找到"一点法"。

（7）选中"捕捉中点"工具，在"一点法"中的第一栏中选择"总装"下面的中点，第二栏选择下方"工具架"的中点，如图 6-18 所示，点击"应用"。

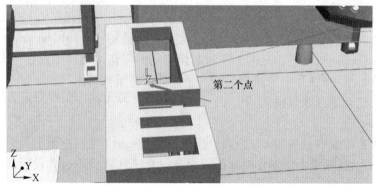

图 6-18　选择点

（8）选择"移动"工具，将"总装"移动至合适的位置。

（9）再次创建一个空的 smart 组件"SmartComponent _ 2"（视频中显示为"SmartComponent_6"）。

（10）选择"导入模型库"中的"设备"，找到里面的"IsoPlate_small_sat"，并将其安装到"IRB6700"上面，如图 6-19 所示。

（11）将"IsoPlate_small_sat"导入到"SmartComponent_2"里面。

（12）将"SmartComponent_1"重命名为"SmartComponent_大手爪"，将"SmartComponent_2"重命名为"SmartComponent_取爪"（以下简称为"大手爪"和"取爪"）。

（13）选择"大手爪"里面的"添加组件"，添加"LineSensor""Detacher""Attacher""LogicSRLatch""LogicGate［AND］"组件。

（14）将"LogicGate［AND］"组件中的"Operator"下面的"AND"改为"NOT"，其组件名字显示为"LogicGate［NOT］"，如图 6-20 所示。

（15）选择"LineSensor"，跳转回"实训：视图 1"中，选择"捕捉中心"工具，将视角转到总装有爪子的这一侧，点击"LineSensor"中"Start（mm）"的第一栏，选择

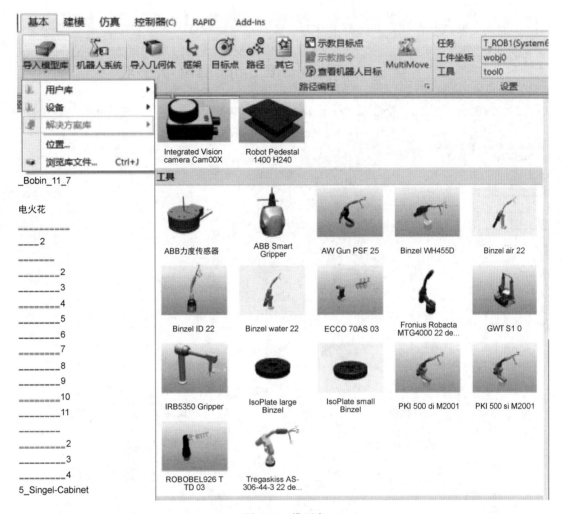

图 6-19　模型库

"总装"爪子里面的中心并双击。将"Radius"的数据改为 3，并将"Start（mm）"第一栏第一格增加 200，第二栏第一格增加 100，使上下两栏第一格仅相差 100，如图 6-21 所示。

（16）将"总装"中的所有东西全部安装到"基座"上面。

（17）将"LineSensor"也安装到"总装"的"基座"上面去，但是并不更改"LineSensor"的位置。

（18）选择"信号和连接→I/O 信号"中的"添加 I/O Signals"，将信号名称设定为"dinagongjian00"。

（19）再次添加"I/O Signals"，将信号类型"DigitalInput"改为"DigitalOutput"，将信号名称设定为"donagongjianOK"。

（20）选择"I/O 连接"里面的"I/O Connection"，将目标对象改为"LineSensor"。

（21）再次添加"I/O Connection"，将里面的源对象改为"LineSensor"，将目标对象改为"Attacher"。

图 6-20　操作界面

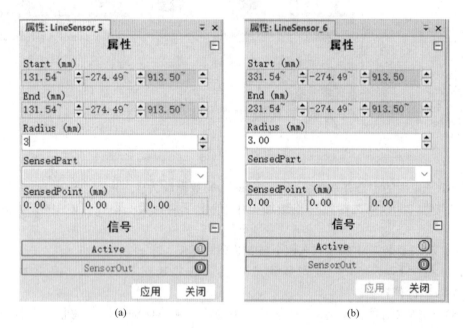

(a)　　　　　　　　　　　　　　　　　　　(b)

图 6-21　属性

(a) 调节前的属性；(b) 调节后的属性

（22）再次添加"I/O Connection"，将源对象改为"Attacher"，将目标对象改为"LogicSRLatch"。

（23）再次添加"I/O Connection"，将目标对象改为"LogicGate［NOT］"。

（24）再次添加"I/O Connection"，将源对象改为"LogicGate［NOT］"，将目标对象改为"Detacher"。

（25）再次添加"I/O Connection"，将源对象改为"Detacher"，将目标对象改为"LogicSRLatch"，目标信号或属性改为"Reset"。

（26）再次添加"I/O Connection"，将源对象改为"LogicSRLatch"，如图 6-22 所示。

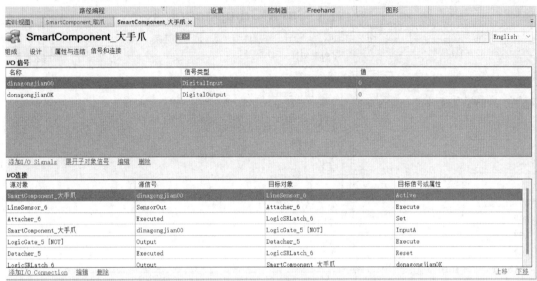

图 6-22 操作界面

（27）选择"属性与连结→属性连结→添加连结"。将源对象改为"LineSensor"，将源属性改为"SensedPart"，将目标对象改为"Attacher"，将目标属性或信号改为"Child"。

（28）再次"添加连结"，将源对象改为"Attacher"，将源属性改为"Child"，将目标对象改为"Detacher"，将目标属性或信号改为"Child"，如图 6-23 所示。

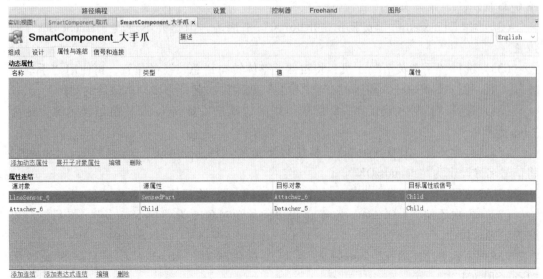

图 6-23 操作界面

（29）选择"取爪"里面的"添加组件"，添加"LineSensor""Detacher""Attacher""LogicSRLatch""LogicGate［AND］"组件。

（30）将"LogicGate［AND］"组件中的"Operator"下面的"AND"改为"NOT"，其组件名字显示为"LogicGate［NOT］"，如图 6-24 所示。

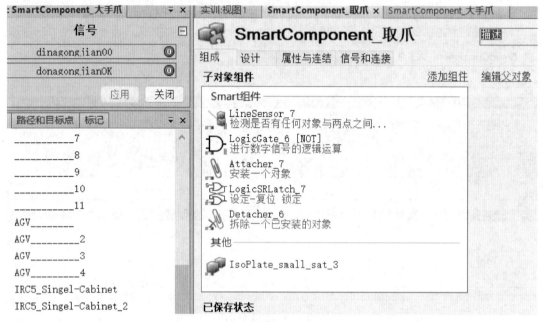

图 6-24　操作界面

（31）选择"LineSensor"，跳转回"实训：视图 1"中，选择"捕捉中心"工具，将视角转到安装有"IsoPlate_small_sat"的机械臂下面，点击"LineSensor"中"Start（mm）"的第一栏，选择"IsoPlate_small_sat"里面的中心并双击。将"Radius"的数据改为 3，并将"Start（mm）"第二栏第三格减少 100，使上下两栏第三格仅相差 100，如图 6-25 所示。

（32）将"LineSensor"安装到"IRB6700"上面去，但是并不更改"LineSensor"的位置。

（33）选择"手动关节"工具，将机器臂整体转向"总装"的位置，再使用"手动线性"工具，使"IsoPlate_small_sat"与"总装"吸附到一起，再微调机械臂的动作。

（34）选择"信号和连接→I/O 信号"中的"添加 I/O Signals"，将信号名称设定为"diqudsz001"。

（35）再次添加"I/O Signals"，将信号类型的"DigitalInput"改为"DigitalOutput"，将信号名称设定为"doqudszOK"。

（36）选择"I/O 连接"里面的"I/O Connection"，将目标对象改为"LineSensor"。

（37）再次添加"I/O Connection"，将里面的源对象改为"LineSensor"，将目标对象改为"Attacher"。

（38）再次添加"I/O Connection"，将源对象改为"Attacher"，将目标对象改为"LogicSRLatch"。

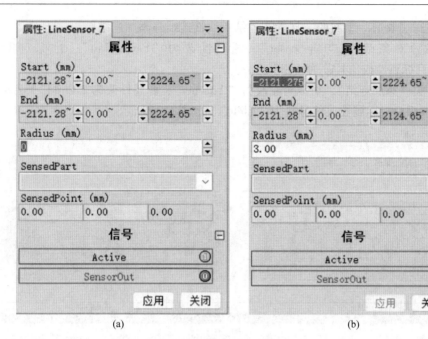

图 6-25　属性

(a) 调节前的属性；(b) 调节后的属性

（39）再次添加"I/O Connection"，将目标对象改为"LogicGate［NOT］"。

（40）再次添加"I/O Connection"，将源对象改为"LogicGate［NOT］"，将目标对象改为"Detacher"。

（41）再次添加"I/O Connection"，将源对象改为"Detacher"，将目标对象改为"LogicSRLatch"，目标信号或属性改为"Reset"。

（42）再次添加"I/O Connection"，将源对象改为"LogicSRLatch"，如图 6-26 所示。

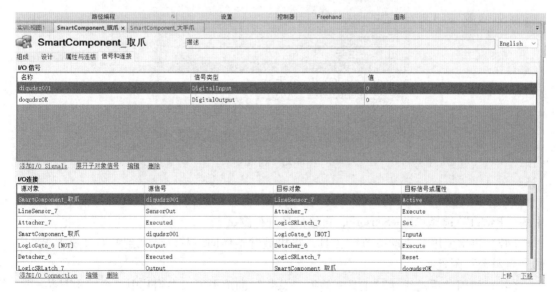

图 6-26　操作界面

（43）找到"取爪"里面的"属性与连结→属性连结→添加连结"。

（44）将源对象改为"LineSensor"，源属性改为"SensedPart"，目标对象改为"Attacher"，目标属性或信号改为"Child"。

（45）再次"添加连结"，将源对象改为"Attacher"，源属性改为"Child"，目标对象改为"Detacher"，目标属性或信号改为"Child"，如图 6-27 所示。

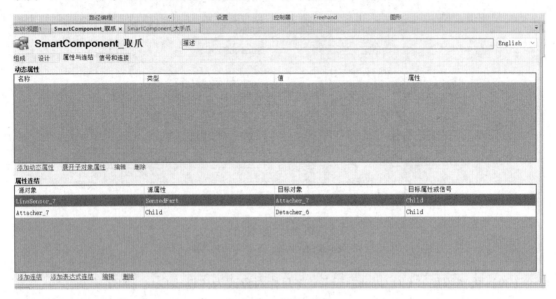

图 6-27　操作界面

（46）打开"仿真"里面的"I/O 仿真器"，跳转回"实训：视图 1"里面，将右侧"选择系统"里面的系统更改为"取爪"，并给它信号用于测试，如图 6-28 所示。

图 6-28　测试

如遇到与视频中一样的问题时候，可以仿照视频中回去一一检查，再将"Attacher"中的"Parent"选择"LineSensor"，再给信号进行测试。

（47）再次使用"手动关节"工具，将机械臂整体向右移动，来到放有"夹具装配"的"置料台"附近。

（48）使用"手动线性"工具，使得"总装"的爪子可以夹到其中一个"夹具装配"。

（49）将右侧的"选择系统"里面的系统更换为"大手爪"，再选择"Attacher→

Parent→LineSensor"，给它信号进行测试，如图 6-28 所示。

（50）撤销"大手爪"的信号，使机械臂回归还未移动到"置料台"附近的状态。保存该工作站。

6.2.2.2　工业机器人示教器调整

示教器调整

（1）打开"控制器"里面"示教器"中的"虚拟示教器"。

（2）将"虚拟示教器"切换到"手动模式"，如图 6-29 所示。

（3）打开"控制面板"中的"配置"。

（4）找到"DeviceNet Device"，选择"添加"，如图 6-30 所示。

手动模式
自动模式

（5）对"Name"进行修改，将其修改为"zncj"，点击"确定"，如图 6-31 所示。

（6）向下滑动，找到"Address"，将其数值修改为"10"，点击"确定"，如图 6-32 所示。

图 6-29　切换模式

（7）返回上一个界面后，直接点击"确定"，并且在跳出的"是否现在重新启动"对话框中选择"是"，如图 6-33 所示。

图 6-30　操作界面

（8）选择上方"重启"中的"重启动（热启动）"进行示教器重启，如图 6-34 所示。

（9）等待示教器重启成功，在此之前，不要点击工作站中的任何物品。

（10）再次打开"虚拟示教器"，并且切换到"手动模式"。

（11）依旧打开"控制面板"中的"配置"。

（12）打开"Signal"，并点击"添加"。

（13）将"Name"修改为"qu"，点击"确定"。

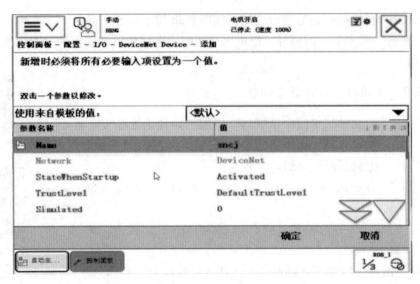

图 6-31 操作界面

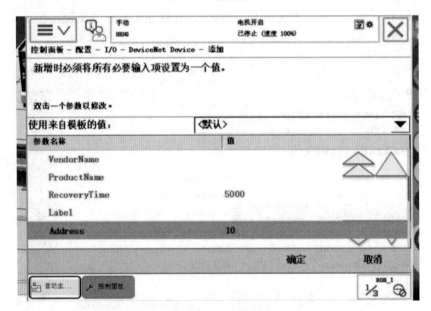

图 6-32 操作界面

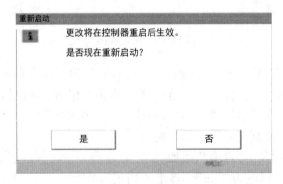

图 6-33 操作界面

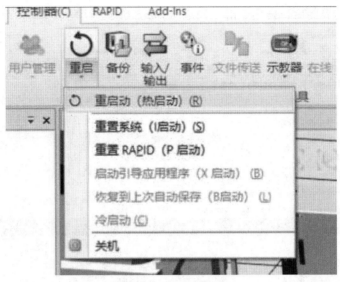

图 6-34　示教器重启

（14）将"Type of Signal"后面的数据选定为"Digital Output"；将"Assigned to Device"后面的数据选定为"znjc"；将"Device Mapping"的数据设定为 1，点击"确定"。返回原来的界面后，再次点击"确定"，如图 6-35 所示。

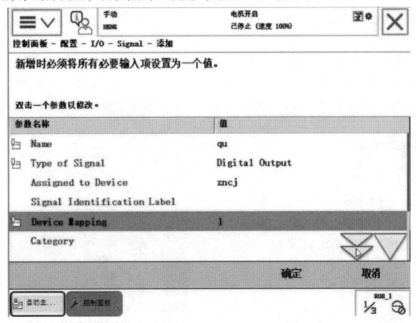

图 6-35　操作界面

（15）在"是否现在重新启动"界面中选择"否"。

（16）再次添加一个新的"Signal"，将其"Name"修改为"xi"，点击"确定"。

（17）将"Type of Signal"后面的数据选定为"Digital Output"；将"Assigned to Device"后面的数据选定为"znjc"；将"Device Mapping"的数据设定为 2，点击"确

定"。返回原来的界面后，再次点击"确定"，如图 6-36 所示。

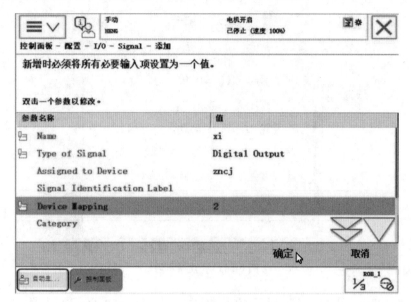

图 6-36　操作界面

（18）在"是否现在重新启动"界面中选择"是"。

（19）选择上方"重启"中的"重启动（热启动）"进行示教器重启。启动完成之前不要操作工作站。

（20）选择该工作站，打开"工作站逻辑→信号与连接→I/O 连接→添加 I/O Connection"，如图 6-37 所示。

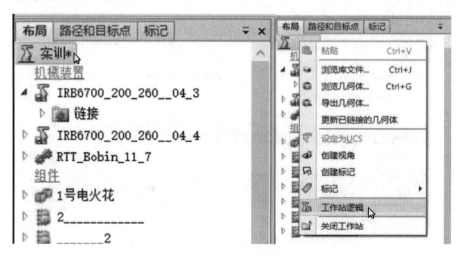

图 6-37　操作界面

（21）将源对象改为"System6"（也就是前面保存的系统），源信号改为"qu"，将目标对象设置为"大手爪"，目标信号或属性设定为"dinagongjian00"，点击"确定"，如图 6-38 所示。

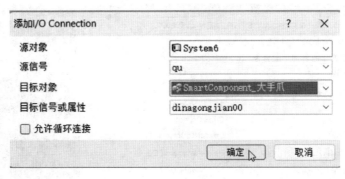

图 6-38　设定目标

（22）再次点击"添加 I/O Connection"，将源对象改为"System6"（也就是保存的系统），源信号改为"xi"，将目标对象设置为"SmartComponent_取爪"，目标信号或属性设定为"diqudsz001"，点击"确定"，如图 6-39 所示。

图 6-39　设定目标

示教完成，进行工业机器人上下料编程操作。

编程

6.2.2.3　工业机器人虚拟运行调试

（1）RobotStudio 虚拟仿真软件（见图 6-40）中，运行调试分为手动和自动两种模式，运行调试过程中提出避免碰撞问题的解决办法。

（2）在编程过程中设置安全点，逐步降低运行速度，目标点位附近，过渡点的速度应该合理设置，保证机器人精准到位，如图 6-41 所示。

6.2.2.4　工业机器人运行路径优化

划分智能生产中工业机器人运行的风险区（见图 6-42），提出不同区域的运行优化思路和要求。

以从线边库到电火花的路径优化为例，分析路径优化过程中可以采用的方案，如 MoveL 到 MoveJ 的转换、转弯时 Z 和 Fine 的区别、公共点位的设置等，如图 6-43 所示。

智能产线机器人运行路径优化的重要意义在于：

（1）保证加工质量，提高生产效率。

（2）确保运行平稳，降低运行风险。

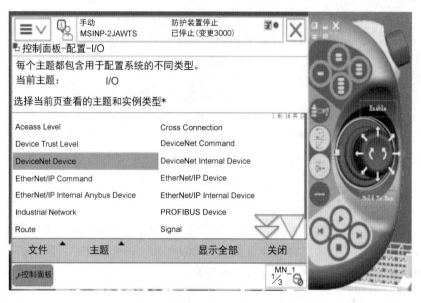

图 6-40　虚拟示教器

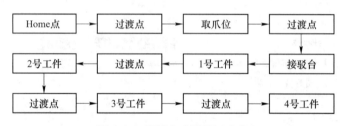

图 6-41　机器人虚拟搬运点位

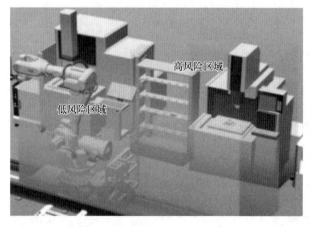

图 6-42　机器人搬运风险区域划分

6.2.2.5　智能产线智慧物流虚拟调试

在 PQFactory 中完善智能产线的场景创建，3 台 AGV 小车、接驳台的位置摆放，动作路径的设置。

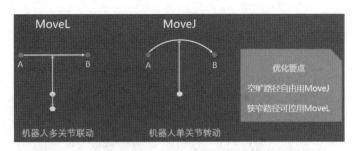

图 6-43　指令对比

A　状态机定义

虚拟产线智慧物流中 AGV 与立体仓库的状态机设置为 BASE 和 J1 两种状态：BASE 为不动部件，J1 为可动部件，设置接驳台、堆垛机、AGV 小车，例如，接驳台外框为 BASE，气缸、滚轴为可动部件。

运动部件的移动状态设置和移动范围设置：移动或者旋转运动部件，设置运动路程；添加部件的状态；添加伸出或缩回状态，添加移动时间，如图 6-44 所示。

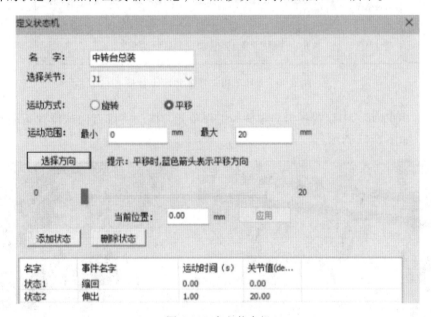

图 6-44　定义状态机

B　POS 点设置

（1）分析智慧物流关联设备的 POS 点：确定立体仓储进出料 POS 点设置需求；确定 AGV 小车运送 POS 点设置需求。

（2）POS 点设置的流程（以 1 号 AGV 小车为例，见图 6-45）：首先确定 POS 点位分布，接着设置关联事件，进行时序仿真验证。

C　POS 点验证

（1）根据智慧物流系统的动作流程，分组完成 2 号、4 号 AGV 小车运送物料的动作，确定 POS 点数量，如图 6-46 所示。

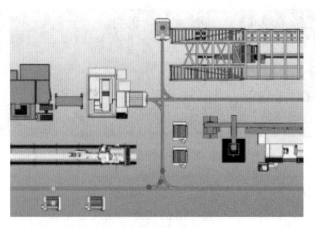

图 6-45　POS 点设置

智慧物流——AGV小车的POS点	
2号AGV	起始点—3号接驳台停止—托盘出—转弯POS 点—7号接驳台—托盘进—起始点
4号AGV	起始点—转弯POS点—7号接驳台—托盘进—起始点

图 6-46　2 号车和 4 号车 POS 点数量

（2）在 PQFactory 中设置托盘与零件为工作单元，拖动三维万向球设置运动路径，插入 POS 点，如图 6-47 所示。

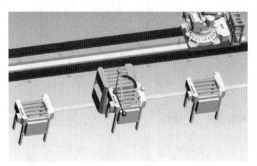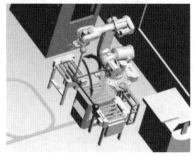

图 6-47　2 号和 4 号小车运送 POS 点数确定

（3）AGV 准确定位的方式：在小车上设置定位传感器，通过地上芯片位置进行设定，提前发出相应信号，以确保小车运行准确定位。

（4）完成 POS 点关联事件设置及时序仿真：进行发送与等待事件、抓取与放开事件、重置起点事件等的设置及时序仿真，如图 6-48 所示。

D　智能产线虚实 I/O 映射

（1）信号关联：每个事件都有一个独立的信号与控制，AGV 小车与托盘启动、停止，如图 6-49 所示。

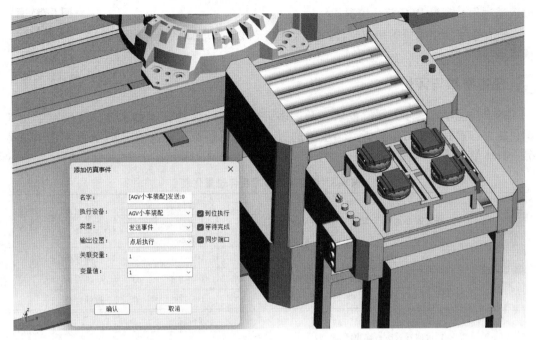

图 6-48　2 号、4 号 AGV 小车关联事件设置

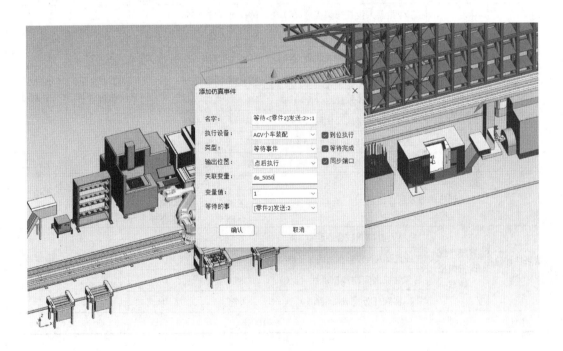

图 6-49　信号关联设置

（2）地址匹配：添加零件架、AGV 小车的信号，设置外部传感器的位置，小车的启动、停止信号设置为外部信号，小车与托盘、零件之间的信号设置为内部信号。

（3）PLC 程序编写，利用 IOserver 设备添加与信号创建，完成轨迹同步，最后进行虚拟运动过程，观察 PLC 信号情况。

整合数字孪生系统的仿真软件，复盘智能产线虚实联调的操作流程及注意要点

地址匹配设置

任务考核与评价

基于技能学习的多元评价模块，开展多评价主体的课堂全过程考核，实现对学生知识、能力、素养的全方位分析。学生能通过学习分析模块，查看自己的学习变化动态情况。具体量化评价体系见表 6-3。

表 6-3　任务 6.2.2 项目评价量化表

评价内容及所占比重			评价标准			评价系统主体	评价对象
			完成	部分完成	未完成		
诊断性评价（20%）	在线资源自学情况	线上课程自学情况（5%）	5%	1%~4%	0	教师评价	个人
		在线测试情况（10%）	10%	1%~9%	0	系统评价	
		线上论坛参与情况（5%）	5%	1%~4%	0	教师评价	

评价内容及所占比重			评价标准			评价系统主体	评价对象
			完全规范	规范	不规范		
过程性评价（50%）	职业技能评价（30%）	工业机器人设置与编程（6%）	6%	1%~5%	0	学生互评、教师评价	小组/个人
		工业机器人运行仿真验证（8%）	8%	1%~7%	0		
		智慧物流系统虚拟调试设置（8%）	8%	1%~7%	0		
		智慧物流系统虚实同步联调（8%）	8%	1%~7%	0		
	职业素养评价（20%）	防护用品穿戴规范（5%）	5%	1%~4%	0		
		工具、辅件摆放及使用（5%）	5%	1%~4%	0		
		操作完成后现场整理（5%）	5%	1%~4%	0		
		文明礼貌、团结互助（5%）	5%	1%~4%	0		

评价内容及所占比重			评价标准		评价系统主体	评价对象
			正确合理	不正确、不合理		
结果性评价（30%）	智能产线运行虚拟调试	机器人虚拟调试合理性（8%）	8%	0	多元评价系统、教师评价	个人
		工业机器人程序运行正确性（8%）	8%	0		
		智慧物流虚实同步正确性（8%）	8%	0		
		实践任务完成度（6%）	6%	0		
小计			100%			

6.2.3　智能产线调试运行

任务描述

（1）根据智能产线内的工业机器人搬运流程，完成模具加工单元、检测单元坐标系的标定及搬运目标点位的快速调校、轨迹验证与节拍优化。

（2）根据智能产线加工生产对象情况，完成立体仓储运行调试，并排除典型故障。

（3）执行智能产线运行前各设备环节的调试与检查，完成产线执行的准备工作。

任务分析

根据实际生产情况，建立机器人工件坐标系，准确调试搬运点位，并解决产线智慧物流调试的实际工程问题。

任务实施

6.2.3.1　工业机器人坐标系标定

（1）标定内容及分组协作完成。

（2）模具加工单元工件坐标系标定及验证，如图 6-50 所示。

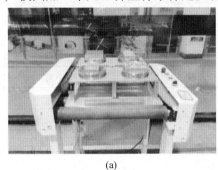
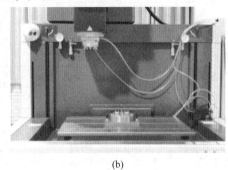

(a)　　　　　　　　　　　　　　(b)

图 6-50　设备点位

（a）3 号接驳台；（b）电火花机床

（3）检测单元工件坐标系标定及验证，如图 6-51 所示。

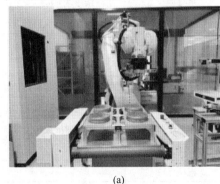
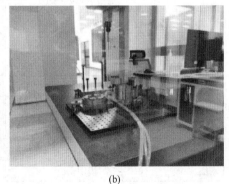

(a)　　　　　　　　　　　　　　(b)

图 6-51　设备点位

（a）7 号接驳台；（b）三坐标测量机

6.2.3.2　工业机器人点位调校

工业机器人准确调校目标点是要确保机器人上下料位的准确性。具体程序点位见表 6-4。

表 6-4　程序点位

	机器人取爪、放爪程序点位		
程序点位	说明	程序点位	说明
程序点 1	Home 点	程序点 3	取、放爪位置点
程序点 2	取、放爪位置正上方点		

	机器人接驳台取料、放料程序点位		
程序点位	说明	程序点位	说明
件 1		件 3	
程序点 1	接驳台取放料安全点 1	程序点 7	接驳台取放料安全点 3
程序点 2	接驳台取放料上方点 1	程序点 8	接驳台取放料上方点 3
程序点 3	接驳台取放料位置点 1	程序点 9	接驳台取放料位置点 3
件 2		件 4	
程序点 4	接驳台取放料安全点 2	程序点 10	接驳台取放料安全点 4
程序点 5	接驳台取放料上方点 2	程序点 11	接驳台取放料上方点 4
程序点 6	接驳台取放料位置点 2	程序点 12	接驳台取放料位置点 4

	机器人加工中心放料、取料程序点位		
程序点位	说明	程序点位	说明
程序点 1	机床安全点	程序点 3	取、放料位置点
程序点 2	取、放料位置正上方点		

	机器人线边库取料、放料程序点位		
程序点位	说明	程序点位	说明
件 1		件 3	
程序点 1	线边库取放料安全点 1	程序点 7	线边库取放料安全点 3
程序点 2	线边库取放料上方点 1	程序点 8	线边库取放料上方点 3
程序点 3	线边库取放料位置点 1	程序点 9	线边库取放料位置点 3
件 2		件 4	
程序点 4	线边库取放料安全点 2	程序点 10	线边库取放料安全点 4
程序点 5	线边库取放料上方点 2	程序点 11	线边库取放料上方点 4
程序点 6	线边库取放料位置点 2	程序点 12	线边库取放料位置点 4

	机器人电火花机床放料、取料程序点位		
程序点位	说明	程序点位	说明
程序点 1	机床安全点	程序点 3	取、放料位置点
程序点 2	取、放料位置正上方点		

思政案例

中国北斗定位系统是世界上最大的全球卫星导航系统之一。北斗系统具有精准度高、可靠性强、自主可控等显著特点。它能够提供米级甚至亚米级的定位精度，并能在短时间内提供快速定位服务。北斗卫星系统是我国自主创新的重要成果，已经在多个行业得到了广泛应用。

点位调校的常用方法有逐步找正法、顶锥调整法、激光对中法等。

激光点位调校原理是采用光源对中的方式快速找正零点定位夹具中心。

激光点位对中的操作步骤：先逐步调校 X、Y 向中心，Z 向旋转轴，再逐步调整 Z 向距离，最后在示教器程序数据中记录目标点。

工业机器人程序整合：

（1）模具加工单元主程序，检测单元主程序；

（2）模具加工单元子程序，检测单元子程序。

机器人程序优化后验证：

（1）模具加工单元程序优化后执行验证；

（2）检测单元程序优化后执行验证。

6.2.3.3　智慧物流仓储运行管理

（1）立体仓储中生产零件的库位管理。各生产零件库位行、列、排的划分，如第 1 排第 1~4 列、第 1~4 行为零件库位，如图 6-52 所示。

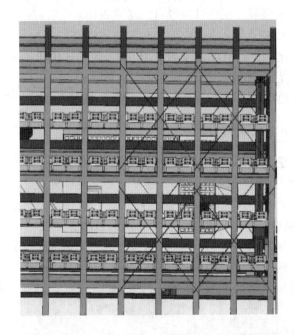

图 6-52　立体仓储生产零件的库位划分

（2）生产零件托盘编码。

1）对需要生产零件的托盘，通过高频上位机依次进行芯片识别码的标识。

2）生产零件托盘编码输入操作流程演示：在软件界面中更改 IP：192.168.100.11；连接后将 8 位字符改成 21 位，选择"String 读写模式"，将托盘上黑色芯片对准立体仓库输送机 RFID 读写器，输入该生产零件托盘的 21 位编码，如图 6-53 所示。

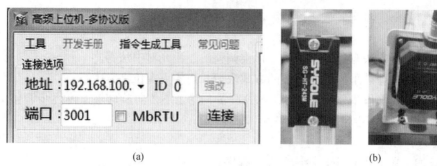

(a)　　　　　　　　　　　　　　　　(b)

图 6-53　生产零件托盘编码输入操作流程演示

（a）软件 IP 连接；（b）芯片及 RPID 读写器

3）生产零件托盘编码及手动出入库测试。完成编码的托盘，通过 WMS 仓储管理软件，手动模式下，选择"行、列、排出入库"模式，各组依次完成手动出入库测试。

6.2.3.4　AGV 小车航迹编程

（1）AGV 小车运送动作分解及指令编写。

1）1 号小车立体仓库至 3 号接驳台，送完返回。

2）2 号小车从 3 号接驳台至 7 号接驳台，送完返回。

3）4 号小车从 7 号接驳台至立体仓库回料，送完返回。

（2）运送动作优化。1 号 AGV 和 2 号 AGV 小车的避让优化，通过加减速度的方式避开 AGV 等待、相撞问题，提高生产效率。

（3）实操演练。根据时序仿真的运送路径，完成 AGV 出库、回库的程序编制及优化。

6.2.3.5　AGV 小车航线调试

（1）中央物流管理系统 AGV 基本信息、航线设置。

（2）根据 AGV 程序编制及设置，进行 AGV 小车的动作测试。

（3）汇总产线中 4 辆 AGV 小车的运输过程，分析调试过程中出现的常见问题，如脱轨（见图 6-54）、加减速等典型问题，并提出解决的思路。

图 6-54　AGV 脱轨问题

6.2.3.6　AGV 小车运行排故

AGV 常见典型故障分析及查询，如图 6-55 所示。

（1）控制、运动指令程序出错。

（2）芯片编码没对应。

（3）转弯出轨。

（4）电量过低。

（5）遇障碍物。

（6）IP 地址匹配不到位等。

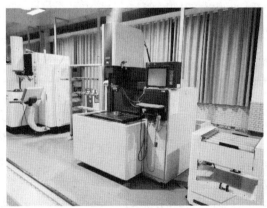

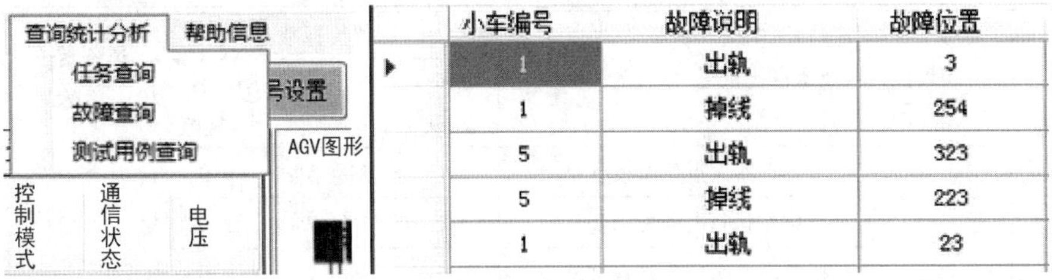
查询统计分析
帮助信息
任务查询
故障查询
测试用例查询
号设置
AGV图形
控制模式
通信状态
电压
小车编号
故障说明
故障位置
1 出轨 3
1 掉线 254
5 出轨 323
5 掉线 223
1 出轨 23

图 6-55　AGV 典型故障查询

6.2.3.7　智能产线生产运行联调

（1）进入智能生产调度中心，完成运行前 MES 的检查准备工作。

（2）查看库位占用情况；扫描，录入零件毛坯。

（3）核查智能 AGV 小车准备情况，包括程序调用、电压、速度、自动状态等信息；核查七轴工业机器人准备情况，包括使能、自动状态、气压、程序情况等。

（4）核查各加工设备准备情况，包括机床程序调用、回零、自动状态切换、通信传输等，如图 6-56 所示。

图 6-56　机床核查

任务考核与评价

基于技能学习的多元评价模块，开展多评价主体的课堂全过程考核，实现对学生知

识、能力、素养的全方位分析。学生能通过学习分析模块，查看自己的学习变化动态情况。具体量化评价体系见表 6-5。

表 6-5　任务 6.2.3 项目评价量化表

评价内容及所占比重			评价标准			评价系统主体	评价对象
			完成	部分完成	未完成		
诊断性评价（20%）	在线资源自学情况	线上课程自学情况（5%）	5%	1%~4%	0	教师评价	个人
		在线测试情况（10%）	10%	1%~9%	0	系统评价	
		线上论坛参与情况（5%）	5%	1%~4%	0	教师评价	
评价内容及所占比重			评价标准			评价系统主体	评价对象
			完全规范	规范	不规范		
过程性评价（50%）	职业技能评价（30%）	工业机器人点位调校（6%）	6%	1%~5%	0	学生互评、教师评价	小组/个人
		AGV 运行与排故（8%）	8%	1%~7%	0		
		相关设备运行前检查（8%）	8%	1%~7%	0		
		具体生产任务应用（8%）	8%	1%~7%	0		
	职业素养评价（20%）	防护用品穿戴规范（5%）	5%	1%~4%	0		
		工具、辅件摆放及使用（5%）	5%	1%~4%	0		
		操作完成后现场整理（5%）	5%	1%~4%	0		
		文明礼貌、团结互助（5%）	5%	1%~4%	0		
评价内容及所占比重			评价标准			评价系统主体	评价对象
			正确合理	不正确、不合理			
结果性评价（30%）	智能产线运行调试	工业机器人点位正确性（8%）	8%	0		多元评价系统、教师评价	个人
		AGV 小车运行合理性（8%）	8%	0			
		相关设备生产前准备规范性（8%）	8%	0			
		实践任务完成度（6%）	6%	0			
小计			100%				

 习　题

（1）简述轴类零件的智能制造加工工艺。

（2）轴类零件加工任务执行的注意事项有哪些？

（3）智能生产调试中需要完成的具体操作有哪些？

参 考 文 献

［1］ 陈岁生，温贻芳，许妍妩. 智能制造单元集成调试与应用［M］. 北京：高等教育出版社，2020.

［2］ 王芳，赵中宁. 智能制造基础与应用［M］. 北京：机械工业出版社，2022.

［3］ 吴澄，现代集成制造系统导论［M］. 北京：清华大学出版社，2002.

［4］ 王润孝. 先进制造系统［M］. 西安：西北工业大学出版社，2001.

［5］ 苏霄飞. 智能制造背景下高职专业集群建设研究：服务"智能工厂"的发展思路［J］. 高等工程教育研究，2019（3）：137-142.

［6］ 许怡赦，罗建辉，李铭贵. 智能制造单元系统集成应用实训平台的设计与实现［J］. 实验技术与管理，2020，37（8）：227-232.

［7］ 陶飞，刘蔚然，刘检华，等. 数字孪生及其应用探索［J］. 计算机集成制造系统，2018，24（1）：1-18.

［8］ 冯凌云，刘凯. 虚实结合的工业机器人实践教学平台开发与应用［J］. 实验技术与管理，2021，38（5）：223-229.